北京工业大学国家级专业技术人员继续教育基地、北京市专业技术人员继续教育基地教材

该书由国家级专业技术人员继续教育基地专项经费资助出版

3D 打印技术基础教程

陈继民　编

国防工业出版社

·北京·

内 容 简 介

本书是一本3D打印技术知识的初级教程，旨在让读者全面了解3D打印技术的基础知识。内容涵盖了从3D数据的获取、3D模型设计软件以及到目前市场上主流的3D打印方法，系统全面地对3D打印技术进行了深入浅出的讲解。全书分为8章，每章都相对独立，又相互联系。第1章对3D打印技术及其应用做了概述介绍。第2章对3D数据的获取手段(比如3D扫描设备以及3D扫描原理等)做了详细介绍，重点介绍了各种实现3D扫描的方法。第3章介绍了主要针对3D打印技术的三维建模软件和主流的3D软件，这些软件是进行3D打印时最常用的设计软件，以及软件处理工具。第4~第7章则重点介绍了当前主流的几种3D打印技术，比如FDM、SLA、SLS(SLM)以及3DP。据不完全统计，目前使用的3D打印方法有30多种，每一种方法都有其独特的特点。本书介绍的这几种方法占据了80%以上的市场份额，也是绝大多数用户在使用的3D打印技术。对每一种技术的起源、国内外现状到今后的发展趋势做了详细描述。为了使读者开阔3D打印应用视野，在第8章中对近年来3D打印的创新应用做了介绍。

本书可作为3D打印的培训教材，也适合对3D打印技术有兴趣的在校学生以及相关专业工程技术人员阅读。

图书在版编目(CIP)数据

3D打印技术基础教程/陈继民编．—北京：国防工业出版社，2016.9(2022.3重印)
 ISBN 978-7-118-10588-9

Ⅰ.①3… Ⅱ.①陈… Ⅲ.①立体印刷-印刷术-教材 Ⅳ.①TS853

中国版本图书馆CIP数据核字(2015)第299009号

※

*国防工业出版社*出版发行
(北京市海淀区紫竹院南路23号 邮政编码100048)
三河市德鑫印刷有限公司
新华书店经售
*
开本710×1000 1/16 印张11¾ 字数123千字
2022年3月第1版第5次印刷 印数6501—8000册 定价35.00元

(本书如有印装错误，我社负责调换)

国防书店：(010)88540777 书店传真：(010)88540776
发行业务：(010)88540717 发行传真：(010)88540762

前 言

  2012年4月29日世界著名的《经济学人》杂志发表了一篇《3D打印将推动第三次工业革命》的文章,文章认为3D打印技术将推动第三次工业革命,并对3D打印技术给予高度评价:"伟大发明所能带来的影响,在当时那个年代都是难以预测的,1450年的印刷术如此,1750年的蒸汽机如此,1950年的晶体管也是如此。而今,我们仍然无法预测,3D打印将在漫长的时光里如何改变这个世界。"一石激起千层浪,3D打印技术立刻引起了世界各国的高度关注。2012年美国总统奥巴马在当年的国情咨文中提出,要用3D打印技术重振美国的制造业。2013年7月 美国国防部、能源部等5部委联合有关企业、科研院所组建了美国增材制造创新研究院(NAMI)。此后,3D打印的热浪席卷全球,3D打印的各种应用不断涌现。2015年2月中华人民共和国工业和信息化部、国家发展与改革委员会、财政部联合印发了《国家增材制造产业发展推进计划(2015—2016年)》的通知,全国各地掀起了3D打印的热潮。但是,目前3D打印技术方面人才匮乏,严重阻碍了这一技术的推广应用。3D打印技术的教育逐渐被提到议事日程,3D打印技术的培训也如雨后春笋般开展起来。然而至今还缺乏较系统介绍3D打印技术的教材。在参阅了大量的文献资料之后,作者编写了这本3D打印技术的初级教程,试图为学习3D打印技术知识的读者打开一扇全面了解 3D 打印技术的大门。

3D 打印学术上叫增材制造(Additive Manufacturing, AM),是从 20 世纪 70 年代末、80 年代初,由快速成型(Rapid Prototype, RP)和快速制造(Rapid Manufacturing, RM)技术发展起来的。随着计算机技术的发展,计算机辅助设计技术在产品开发中扮演越来越重要的角色,产品开发的周期越来越短,人们对快速制造技术的需求越来越迫切,与传统的去除材料的制造技术相比,RP, RM 技术通过层层堆积,快速获得设计的产品原型,大大提高了产品成型的速度。据不完全统计,目前使用增材制造技术的 3D 打印方法有 30 多种,每一种方法都有其独特的特点,从打印材料看,有的使用液体打印材料,有的使用粉末材料,还有的使用固态材料。从打印方式看,有的使用喷嘴,有的使用激光,有的使用投影等,还没有一种通用的 3D 打印方法满足所有 3D 打印的需要。本书重点选择了几种主要的 3D 打印方法进行介绍,这些方法占据了 80% 以上的市场份额,也是绝大多数用户在使用的 3D 打印技术。读者通过学习这些方法,可以触类旁通地深入学习其他 3D 打印技术。全书涵盖了从 3D 数据的获取、3D 模型设计软件以及到目前市场上主要的 3D 打印方法,系统全面地对 3D 打印技术进行了深入浅出的介绍。

本书由北京工业大学激光工程研究院陈继民教授撰写,部分内容也反映了其科研成果。本书编写过程中,北京工业大学激光工程研究院的在校研究生李东方、刘春春、王颖、窦阳等几位同学帮助查阅了大量文献,并对文献加以总结和梳理,特此向他们表示衷心感谢。

3D 打印技术涉及计算机控制、软件设计、精密机械以及材料科学等多个学科,是一个前沿交叉学科。尽管研究成果丰富,应用领域不断扩大,仍有许多新问题、新现象有待解决。由于作者水平所限,书中难免出现不当之处,欢迎广大读者批评指正。

作 者

2015.11

目 录

第1章 3D打印概述 … 1
1.1 3D打印技术 … 1
1.2 3D打印材料 … 3
1.3 3D打印的应用 … 9
1.3.1 在航空领域的应用 … 9
1.3.2 在医疗领域的应用 … 14
1.3.3 在个人消费领域的应用 … 18
参考文献 … 22

第2章 3D数据获取 … 25
2.1 三维扫描数据获取 … 26
2.1.1 非接触式三维信息获取 … 26
2.1.2 接触式三维信息获取 … 31
2.2 三维扫描原理 … 32
2.2.1 立体视觉三维形态测量方法 … 32
2.2.2 飞行时间三维形态测量方法 … 33
2.2.3 结构光投影三维形态测量方法 … 33

目 录

- 2.3 三维扫描仪简介 …………………………………………………… 34
- 2.4 三维扫描后处理软件 ………………………………………………… 37
  - 2.4.1 PolyWorks 软件 ……………………………………………… 37
  - 2.4.2 Imageware 软件 ……………………………………………… 38
  - 2.4.3 Geomagic Studio 智能化逆向工程软件 ……………………… 38
  - 2.4.4 Geomagic Design X 参数化逆向工程软件 …………………… 41
- 2.5 三维扫描仪的其他应用 ……………………………………………… 45
  - 2.5.1 虚拟现实领域 ………………………………………………… 45
  - 2.5.2 逆向工程领域 ………………………………………………… 46
  - 2.5.3 文物保护领域 ………………………………………………… 46
  - 2.5.4 数字娱乐领域 ………………………………………………… 47
  - 2.5.5 服装制造领域 ………………………………………………… 49
- 参考文献 …………………………………………………………………… 49

第3章 3D打印的建模软件 …………………………………………… 51

- 3.1 Autodesk 123D ……………………………………………………… 52
- 3.2 Tinker CAD ………………………………………………………… 54
- 3.3 Blender ……………………………………………………………… 56
- 3.4 SketchUp …………………………………………………………… 59
- 3.5 3DTin ………………………………………………………………… 60
- 3.6 FreeCAD …………………………………………………………… 61
- 3.7 3DS MAX …………………………………………………………… 63
- 3.8 Rhinoceros(Rhino) ………………………………………………… 63
- 3.9 Solidworks ………………………………………………………… 64

3.10 Pro/E ……………………………………………………………… 66
3.11 Cubify Sculpt ………………………………………………………… 67
3.12 Alias Design Studio(Alias) …………………………………………… 68
3.13 UG(Unigraphics) …………………………………………………… 69
3.14 中望 3D ……………………………………………………………… 70
参考文献 ……………………………………………………………………… 72

第 4 章　FDM 打印技术 …………………………………………………… 74

4.1 机械结构 ……………………………………………………………… 74
4.2 工艺参数控制 ………………………………………………………… 76
4.3 工艺特点 ……………………………………………………………… 78
4.4 产品发展及技术研究现状 …………………………………………… 79
4.5 应用方向 ……………………………………………………………… 84
4.6 主要问题与发展方向 ………………………………………………… 86
参考文献 ……………………………………………………………………… 88

第 5 章　光固化 3D 打印技术 ……………………………………………… 91

5.1 液态树脂光固化技术 ………………………………………………… 91
5.2 光固化立体成型技术 ………………………………………………… 93
　　5.2.1 光固化立体成型的系统组成 ………………………………… 93
　　5.2.2 光固化快速成型的工艺过程 ………………………………… 95
5.3 光固化立体成型技术研究现状 ……………………………………… 98
5.4 光固化立体成型的材料研究 ………………………………………… 100
5.5 基于 SLA 技术的 3D 打印机 ………………………………………… 103

5.6 基于 DLP 技术的 3D 打印机 …………………………………… 105
5.7 光固化成型技术应用前景 …………………………………… 107
参考文献 ………………………………………………………………… 112

第 6 章 SLM 打印技术 …………………………………………… 114

6.1 SLM 基本原理 ………………………………………………… 114
　6.1.1 SLM 原理与特点 ………………………………………… 114
　6.1.2 SLM 成型高质量金属零件关键点 ……………………… 116
　6.1.3 影响 SLM 成型质量的因素 ……………………………… 118
6.2 SLM 研究现状 ………………………………………………… 120
　6.2.1 SLM 工艺研究现状 ……………………………………… 120
　6.2.2 SLM 设备研究现状 ……………………………………… 122
　6.2.3 SLM 材料研究现状 ……………………………………… 124
6.3 SLM 技术的应用 ……………………………………………… 125
　6.3.1 多孔功能件 ……………………………………………… 125
　6.3.2 牙科产品 ………………………………………………… 126
　6.3.3 植入体 …………………………………………………… 127
6.4 SLM 技术发展展望 …………………………………………… 127
　6.4.1 网状拓扑结构轻量化设计制造 ………………………… 127
　6.4.2 三维点阵结构设计制造 ………………………………… 128
　6.4.3 陶瓷颗粒增强金属基复合材料-结构一体化
　　　　制造 ……………………………………………………… 129
参考文献 ………………………………………………………………… 129

第 7 章　3DP 技术 ……………………………………………………… 133

7.1　基本原理及成型流程 …………………………………………… 136
7.1.1　基本原理 …………………………………………………… 136
7.1.2　成型流程 …………………………………………………… 137
7.2　关键技术 ………………………………………………………… 138
7.2.1　运动控制 …………………………………………………… 138
7.2.2　胶水的喷射方式 …………………………………………… 139
7.2.3　打印所需相关参数 ………………………………………… 141
7.3　成型特点 ………………………………………………………… 143
7.4　成型材料及应用 ………………………………………………… 144
7.5　发展趋势 ………………………………………………………… 146
参考文献 ……………………………………………………………… 148

第 8 章　3D 打印应用实例 ……………………………………………… 150

8.1　3D 打印在医学上的应用 ………………………………………… 150
8.2　3D 打印在汽车制造上的应用 …………………………………… 160
8.3　3D 打印在建筑领域中的应用 …………………………………… 166
8.4　3D 打印在其他工业中的应用 …………………………………… 168
参考文献 ……………………………………………………………… 176

第1章 3D打印概述

3D打印技术是由20世纪70年代末、80年代初出现的快速原型技术发展而来的一种先进制造技术,它的发展会对现存的制造业带来革命性的改变。目前已经在航空航天、医疗以及文化创意等领域得到了广泛的应用,并不断发展。

1.1 3D打印技术

3D打印技术,学术上又称"增材制造"技术,也称加成制造或增量制造。根据美国材料与试验协会(ASTM)2009年成立的3D打印技术委员会(F42委员会)公布的定义,3D打印是一种与传统的材料去除加工方法截然相反的材料添加成型技术,它基于三维CAD模型数据,通过增加材料逐层制造的方式,采用直接制造与相应数学模型完全一致的三维模型的制造方法成型三维物体。3D打印技术内容涵盖了产品生命周期前端的"快速成型"和全生产周期的"快速制造"相关的所有打印工艺、技术、设备类别和应用。3D打印涉及的技术包括CAD建模、测量技术、接口软件技术、数控技术、精密机械技术、激光技术、材料技术等。

3D打印技术的发展起源可追溯至20世纪70年代末到80年代

初期,美国3M公司的Alan Hebert(1978年)、日本的小玉秀男(1980年)、美国UVP公司的Charles Hull(1982年)和日本的丸谷洋二(1983年)四人各自独立提出了一种成型的新概念,即材料层层叠加成型。1986年,美国人Charles Hull率先推出光固化方法(Stereo Lithography Apparatus,SLA),利用光照射到液态光敏树脂上,使树脂层层凝固成型,这是3D打印技术发展的一个里程碑。同年,他创立了世界上第一家生产3D打印设备的3D Systems公司。该公司于1988年生产出了世界上第一台基于光固化成型的3D打印机(SLA-250)。1988年,美国人Scott Crump则发明了另外一种3D打印技术——熔融沉积制造(Fused Deposition Modeling,FDM),该技术是将塑料丝熔化后通过打印头挤出,层层堆积成型,之后他成立了Stratasys公司。目前,这两家公司已在纳斯达克上市,是最早上市的3D打印设备制造企业。1989年,美国得克萨斯州大学奥斯汀分校的C. R. Deckard发明了选区激光烧结法(Selective Laser Sintering,SLS),其原理是利用高强度激光将材料粉末烧结直至成型。由于使用这一技术生产的零件强度高、韧性好,可以直接当产品使用,因此迅速发展成为全球应用最广的3D打印技术,又被誉为"Texas Idea Global Industry"。1995年德国Frauhofer激光研究所,又在SLS技术基础之上,成功开发选区激光熔化(Selective Laser Melting,SLM)技术。1993年,美国麻省理工大学教授Emanual Sachs发明了一种全新的3D打印技术。这种技术类似于喷墨打印机,通过向金属、陶瓷等粉末喷射黏结剂的方式将材料粘结逐层成型,然后进行烧结制成最终产品。这种技术的优点在于制作速度快、价格低廉。随后,Z Corporation公司获得麻省理工大学的许可,利用该技术来生产3D打印机,"3D打印机"的称谓由此而来。此后,以色列人 Hanan Gothait 于 1998 年创办了 Objet Geometries 公司,并于 2000 年在北美推出了可用于办公室环境的商品化 3D 打印机,该打印机不是喷射黏结剂,而是将一种液态的光敏树脂喷射在一个基板上,随后紫外灯将树脂固化,层层叠加获得三维模型,这种技术又被称为三维印刷(3DP)。

3D 打印具有如下特点和优势:

(1) 数字制造:借助 CAD 等软件将产品结构数字化,驱动机器设备加工制造成器件;数字化文件还可借助网络进行传递,实现异地分散化制造的生产模式。

(2) 降维制造(分层制造):即把三维结构的物体先分解成二维层状结构,逐层累加形成三维物品。因此,原理上 3D 打印技术可以制造出任何复杂的结构,而且制造过程更柔性化。

(3) 堆积制造:从下而上的堆积方式,"无中生有"生长出三维物体。这对实现非匀致材料、功能梯度的器件更有优势。

(4) 直接制造:无需模具,任何高性能难成型的部件均可通过"打印"方式一次性直接制造出来,不需要通过组装拼接等复杂过程来实现。

(5) 快速制造:3D 打印制造工艺流程短、全自动、可实现现场制造,因此,制造更快速、更高效。

1.2　3D 打印材料

3D 打印材料是 3D 打印技术发展的重要物质基础,在某种程度上,材料的发展决定着 3D 打印能否有更广泛的应用。目前,3D 打印材料主要包括工程塑料、光敏树脂、橡胶类材料、金属材料和陶瓷材料等,除此之外,彩色石膏材料、人造骨粉、细胞生物原料以及砂糖等食品材料也在3D打印领域得到了应用。3D打印所用的这些原材料都是专门针对3D打印设备和工艺而研发的,与普通的塑料、石膏、树脂等有所区别,其形态一般有粉末状、丝状、层片状、液体状等。通常,根据打印设备的类型及操作条件的不同,所使用的粉末状3D打印材料的粒径为1~100μm不等。一般在3D打印机上使用的粉末材料,为了使粉末保持良好的流动性,要求粉末要具有较高的球形度。

1. 工程塑料

工程塑料指被用来做工业零件或外壳材料的工业用塑料,是强度、耐冲击性、耐热性、硬度及抗老化性均优的塑料。工程塑料是当前应用最广泛的一类3D打印材料,常见的有 Acrylonitrile Butadiene Styrene(ABS)类材料、Poly Carbonate(PC)类材料、尼龙类材料等。ABS材料是熔融沉积造型(Fused Deposition Modeling,FDM)快速成型工艺常用的热塑性工程塑料,具有强度高、韧性好、耐冲击等优点,正常变形温度超过90℃,可进行机械加工(钻孔、攻螺纹)、喷漆及电镀。ABS材料的颜色种类很多,如白色、黑色、深灰、红色、蓝色等,在汽车、家电、电子消费品领域有广泛的应用。PC材料是真正的热塑性材料,具备工程塑料的所有特性:高强度、耐高温、抗冲击、抗弯曲,可以作为最终零部件使用。使用PC材料制作的样件,可以直接装配使用,应用于交通工具及家电行业。PC材料的颜色比较单一,只有白色,但其强度比ABS材料高出60%左右,具备超强的工程材料属性,广泛应用于电子消费品、家电、汽车制造、航空航天、医疗器械等领域。玻璃纤维增强尼龙是一种白色的粉末,与普通塑料相比,其拉伸强度、弯曲强度有所增强,热变形温度以及材料的模量有所提高,材料的收缩率减小,但表面变粗糙,冲击强度降低。材料热变形温度为110℃,主要应用于汽车、家电、电子消费品领域。PC-ABS 材料是一种应用最广泛的热塑性工程塑料。PC-ABS 具备了 ABS 的韧性和 PC 材料的高强度及耐热性,大多应用于汽车、家电及通信行业。使用该材料配合进口 3D 设备制作的样件强度比传统的 FDM 系统制作的部件强度高出 60% 左右,所以使用 PC-ABS 能打印出包括概念模型、功能原型、制造工具及最终零部件等热塑性部件。PC-ISO(Poly Carbonate-ISO)材料是一种通过医学卫生认证的白色热塑性材料,具有很高的强度,广泛应用于药品及医疗器械行业,用于手术模拟、颅骨修复、牙科等专业领域。同时,因为具备 PC 的所有性能,也可以用于食品及药品包装行业,做出的样件可以作为概念模型、功能原型、制造工具及最终零部件使用。PSU(Polysulfone)类材料是一种琥珀色的材料,热变形温度为 189℃,是所有热塑性材料里面强度最高、耐热性最好、抗腐蚀性最优的材料,通常作为最终零部件使用,广泛用于航空航天、交通工具及医疗行业。PSU 类材料能带来直接数字化制造体验,性能非常稳定。

2. 光敏树脂

光敏树脂即紫外线树脂,由聚合物单体与预聚体组成,其中加有光(紫外线)引发剂(或称为光敏剂)。在一定波长的紫外线(250~300nm)照射下能立刻引起聚合反应完成固化。光敏树脂一般为液态,可用于制作高强度、耐高温、防水材料。目前,研究光敏材料 3D 打印技术的主要有美国 3D System 公司和以色列 Object 公司。常见的光敏树脂有 Somos Next 材料、树脂 Somos 11122 材料、Somos 19120

材料和环氧树脂。Somos Next 材料为白色材质,类 PC 新材料,韧性非常好,基本可达到选区激光烧结法(SLS)制作的尼龙材料性能,而精度和表面质量更佳。Somos Next 材料制作的部件拥有迄今最优的刚性和韧性,同时保持了光固化立体造型材料做工精致、尺寸精确和外观漂亮的优点,主要应用于汽车、家电、电子消费品等领域。Somos 11122 材料看上去更像是真实透明的塑料,具有很好的防水和尺寸稳定性,能提供包括 ABS 和 PBT 在内的多种类似工程塑料的特性,这些特性使它很适合用在汽车、医疗以及电子类产品领域。Somos 19120 材料为粉红色材质,是一种铸造专用材料即含蜡光敏树脂的树脂蜡。该树脂成型后可直接代替精密铸造的蜡膜原型,避免开发模具的风险,大大缩短周期,拥有低留灰烬和高精度等特点。环氧树脂是一种便于铸造的激光快速成型树脂,它含灰量极低(800℃时的残留含灰量<0.01%),可用于熔融石英和氧化铝高温型壳体系,而且不含重金属锑,可用于制造极其精密的快速铸造型模。

3. 橡胶类材料

橡胶类材料具备多种级别弹性材料的特征,这些材料所具备的硬度、断裂伸长率、抗撕裂强度和拉伸强度,使其非常适合于要求防滑或柔软表面的应用领域。3D 打印的橡胶类产品主要有消费类电子产品、医疗设备以及汽车内饰、轮胎、垫片等。

4. 金属材料

近年来,3D 打印技术逐渐应用于实际产品的制造,其中,金属材料的 3D 打印技术发展尤其迅速。在国防领域,欧美发达国家非常重视 3D 打印技术的发展,不惜投入巨资加以研究,而 3D 打印金属零部件一直是研究和应用的重点。无论是送粉式还是铺粉式 3D 打印机,其所使用的金属粉末一般要求纯净度高、球形度好、粒径分布窄、氧含量低。目前,应用于3D打印的金属粉末材料主要有钛合金、钴铬合金、不锈钢和铝合金材料等,此外还有用于打印首饰用的金、银等贵金属粉末材料。钛是一种重要的结构金属,钛合金因具有强度高、耐蚀性好、耐热性高等特点而被广泛用于制作飞机发动机压气机部件,以及火箭、导弹和飞机的各种结构件。钴铬合金是一种以钴和铬为主要成分的高温合金,它的抗腐蚀性能和力学性能都非常优异,用其制作的零部件强度高、耐高温。采用3D打印技术制造的钛合金和钴铬合金零部件,强度非常高,尺寸精确,能制作的最小尺寸可达1mm,而且其零部件力学性能优于锻造工艺。不锈钢以其耐空气、蒸汽、水等弱腐蚀介质和酸、碱、盐等化学侵蚀性介质腐蚀而得到广泛应用。不锈钢粉末是金属3D打印经常使用的一类性价比较高的金属粉末材料。3D打印的不锈钢模型具有较高的强度,而且适合打印尺寸较大的物品。

5. 陶瓷材料

陶瓷材料具有高强度、高硬度、耐高温、低密度、化学稳定性好、耐腐蚀等优异特性,在航空航天、汽车、生物等行业有着广泛的应用。但由于陶瓷材料硬而脆的特点使其加工成型尤其困难,特别是复杂陶瓷件需通过模具来成型。模具加工成本高、开发周期长,难以满足产品不断更新的需求。3D打印用的陶瓷粉末是陶瓷粉末和某一种黏结剂粉末所组成的混合物。由于黏结剂粉末的熔点较低,激光烧结时只是将黏结剂粉末熔化而使陶瓷粉末粘结在一起。在激光烧结之后,需要将陶瓷制品放入到温控炉中,在较高的温度下进行后处理。陶瓷粉末和黏结剂粉末的配比会影响到陶瓷零部件的性能。黏结剂分量越多,烧结比较容易,但在后置处理过程中零件收缩比较大,会影响零件的尺寸精度。黏结剂分量少,则不易烧结成型。颗粒的表面形貌及原始尺寸对陶瓷材料的烧结性能非常重要,陶瓷颗粒越小,表面越接近球形,陶瓷层的烧结质量越好。陶瓷粉末在激光直接快速烧结时液相表面张力大,在快速凝固过程中会产生较大的热应力,从而形成较多微裂纹。目前,陶瓷直接快速成型工艺尚未成熟,国内外正处于研究阶段,商品化的陶瓷 3D 打印机还不多见。

6. 其他 3D 打印材料

除了上面介绍的 3D 打印材料外,目前用到的还有彩色石膏材料、人造骨粉、细胞生物原料以及砂糖等材料。彩色石膏材料是一种全彩色的 3D 打印材料,是基于它为易碎、坚固且色彩清晰的材料。基于在粉末介质上逐层喷射黏结剂打印的成型原理,3D 打印成品在处理完毕后,表面可能出现细微的颗粒效果,外观很像岩石,在曲面表面可能出现细微的年轮状纹理,因此,多应用于动漫玩偶等领域。3D 打印技术与医学、组织工程相结合,可制造出药物、人工器官等用于治疗疾病。加拿大目前正在研发"骨骼打印机",利用类似喷墨打印机的技术,将人造骨粉转变成精密的骨骼组织。打印机会在骨粉制作的薄膜上喷洒一种酸性药剂,使薄膜变得更坚硬。美国宾夕法尼亚大学打印出来的鲜肉,是先用实验室培养出的细胞介质,生成类似鲜肉的代替物质,以水基溶胶为黏结剂,再配合特殊的糖分子制成。还有尚处于概念阶段的用人体细胞制作的生物墨水,以及同样特别的生物纸。打印的时候,生物墨水在计算机的控制下喷到生物纸上,最终形成各种器官。食品材料方面,目前,砂糖或巧克力 3D 打印机可通过喷射加热过的砂糖或巧克力,直接做出具有各种形状的既美观又美味的甜品。

1.3 3D 打印的应用

目前,3D 打印技术已在航空航天、医疗卫生以及个人消费等很多领域得到广泛应用。在工业应用中主要集中在两方面,其一是在零件模型制造、演示验证部件和铸造模具的快速制造,原材料一般为非金属,如塑料、树脂类,工艺方法有光固法(SLA)、熔融沉积法(FDM)、三维印刷法(3DP)、分层实体制造(LOM)等,该方面的技术已实现了工程化应用;其二是结构和功能性零部件的快速制造,这也是目前研究的热点。迄今为止,国外已发展成熟的金属零件快速成型技术有选区激光烧结(SLS)、激光熔融快速成型(LENS)、电子束成型(EBM)等,而按照送粉方式区分,SLS 和 EBM 属于铺粉成型。

1.3.1 在航空领域的应用

3D 打印在航空航天的工程化研究及应用方面,美国明显走在前列。美国的 AeroMet 公司于 2000 年 9 月完成了激光快速成型钛合金机翼结构件的地面性能考核试验,构件的静强度及疲劳强度达到了飞机设计要求,2001 年 AeroMet 公司为波音公司制造了 F/A-18E/F 舰载联合歼击/攻击机小批量试制发动机舱推力拉梁、翼根吊环、翼梁等钛合金次承力结构件,如图 1-1 所示,并于 2002 年率先实现激光快速成型钛合金次承力结构件在 F/A-18E/F 等战机上的验证考核和装机应用,并制定出专门的技术标准,该零件满足疲劳寿命 4 倍的要求,静力加载到 225% 也未能破坏。另外在激光增材制造技术的外延方面，美国OptomecDesign公司采用该技术进行了T700海军飞机发动机零件的磨损修复，取得了很好的效果。

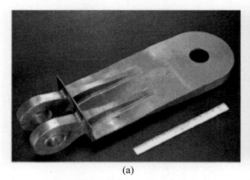 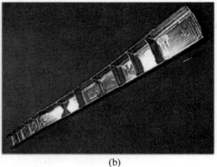

图1-1　F/A-18E/F翼根吊环(900mm×300mm×150mm)和

钛合金翼梁(2400mm×225mm×100mm)

(a)翼根吊环；(b)钛合金翼梁。

近两年来，美国国防部和工业界联合实施了采用激光增材制造(LAM)技术实现钛合金结构件快速生产的项目。该技术生产效率比传统的钛合金加工工艺高80%。正是由于LAM技术的这种高效率，使其成为F-15猎鹰喷气式战斗机钛合金外挂架翼肋备件制造的最佳选择。传统的铝合金F-15翼肋很容易发生故障或失效，如在伊拉克和阿富汗战争中，备件的库存消耗很大。考虑到钛合金的强度比铝合金更好，于是设计选择采用钛合金翼肋替换铝合金材料。利用LAM技术，零件的需求能够在两个月内得到满足，并最大限度保持飞机的可用性。正是由于这些优点，LAM工艺曾被授予2003年美国国防制造技术成就奖。美国Sandia国家实验室采用了LAM技术制造了SM3导弹三维导向和姿态控制铼合金导弹喷管，如图1-2所示，可降低50%的制造成本和制造周期。

2013年3月7日，J-2X火箭发动机的主承包商——美国普惠·

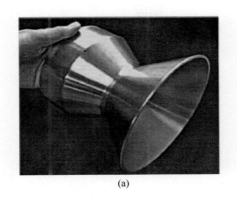 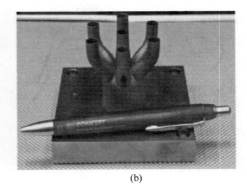

图 1-2　铼合金导弹喷管(a)和 J-2X 火箭发动机排气孔盖(b)

洛克达因公司采用选区激光烧结(SLS)技术制造了该发动机的排气孔盖,如图 1-2(b)所示,J-2X 火箭发动机在恶劣环境下进行了试验并取得了成功。NASA 马歇尔航天中心近期采用该技术制造了 RS-25 发动机的弹簧 Z 隔板,该零件用于减缓飞行中发动机可能遭遇的剧烈振颤。传统隔板的成型、加工和焊接需要耗时 9~10 个月,而通过计算机辅助技术设计零件,利用 SLS 技术建造该隔板仅需 9 天,这显然节省了时间和成本。从结构上看,减少传统焊接也使得该部件更加坚固完好。另外,GE 公司也购置了大量 SLS 成型设备,正对所有设计人员进行 3D 打印技术的培训,但具体应用未见报道。由此可见,美国在航天器的零部件快速制造上投入的力量很大,同时也对该技术的工程化应用信心十足。美国军方非常重视发展 3D 打印技术,在其直接支持下,美国于 2000 年率先将该技术实用化。应用目标包括飞机承力结构件、镍基高温合金单晶叶片、导弹姿态控制发动机燃烧室等。洛马公司在第四代载人飞船"猎户座"制造项目中成功应用 3D 打印技术,将成本降低 80%,时间缩短 1/2。欧洲宇航防务集团正致力于利用 3D 技术打印出飞机的整个机翼,目前已制造出飞机起落架支架和其他零部件。

国内最早从1998年开始该技术的研究工作,近几年这一技术成为航空材料和制造领域的研究热点。"十五"期间,国家对激光直接制造技术的研究非常重视,并给予大力支持,先后安排了973计划、863计划和总装"十五"预研等项目。在这些项目的支持下,目前各研究单位均已取得阶段性成果,如北京航空航天大学、西北工业大学和北京有色金属研究总院分别建立了一套激光加工系统,并采用不同合金制成了具有一定形状的激光成型件。

现在中国最大的3D打印机已经能打印出高性能、难加工的大型飞机复杂整体关键构件,并且中国第一款本土商用客机C-919、第一款舰载战斗机歼-15、多用途战斗轰炸机歼-16、第一款本土隐形战斗机歼-20及第五代战斗机歼-31的研发均使用了3D打印技术。现在仅需55天,中国就可以"打印出"C-919客机的主风挡整体窗框。欧洲一家飞机制造公司表示,他们生产同样的东西至少要两年,光做模具就要花200万美元。当然,他们使用的是传统的生产飞机部件的方式。图1-3为北京航空航天大学利用3D打印技术生产的大型飞机零部件。

图1-3 我国利用3D打印技术生产的大型飞机零部件

目前的 3D 打印技术,在非金属材料领域,我们和世界部分先进国家还有较大的差距,但是在金属材料领域,从我们打造钛合金飞机部件的技术来看,当前我们并不落后世界其他先进国家。

传统飞机钛合金大型关键构件的制造方法是锻造和机械加工,先要熔铸大型钛合金铸锭、锻造制坯、加工大型锻造模具,然后再用万吨级水压机等大型锻造设备锻造出零件毛坯,最后再对毛坯零件进行大量机械加工。整个工序下来,耗时费力,有的构件,光大型模具的加工就要用一年以上的时间,要动用几万吨级的水压机来工作,要大量供电,甚至还需要建电厂。另外传统飞机制造业不仅耗时久,而且浪费太多材料。一般只有 10% 的原材料能被利用,剩下的 90% 都在铸模、锻造、切割和抛光工序中损失了。例如美国洛克希德·马丁公司制造一架 F-22 战斗机需要 2796kg 钛合金,但实际只有 144kg 用到飞机上。

使用 3D 打印技术打印飞机零部件,不需铸模、锻造和组装等传统制造工序。通过计算机控制,用激光将钛合金粉末熔化,并跟随激光有规则地在金属材料上游走,熔化的钛合金粉末就会逐层堆积,直接根据零件模型一步完成大型复杂高性能金属零部件的最终成型制造,从而就可以避免材料的浪费。这项技术宛如"变形金刚",可以制造出飞机上绝大部分复杂形状的大型零件或者部件,它的特点是高性能、低成本、短周期,正好弥补了传统制造方法的不足,而且使得很多传统方法不能做出的构件成为可能。并且,过去两三年才能做好的复杂大型零件,现在两三个月就能完成,而且只需两三个人在实验室里操作。

利用 3D 打印技术打印一些需要承重或者会受到外界强力干扰

的构件,其承载力是至关重要的问题。很多人担心其力学性能(例如承载力)不如铸造的构件。目前打印出来的一些非金属物品,就要比制造的产品粗糙得多,这主要是其使用的打印原材料颗粒较大所致,因此也不如制造的产品用得多。在3D打印进入材料领域,的确存在这样的问题,如果使用的金属粉末颗粒较大,比如是使用烧结的方式获得的物体,致密性较差,就会存在承载力不如铸造产品的问题。而在航空材料领域,目前我国已经取得了技术突破,我们使用微米级别的钛金属颗粒,而后均匀熔化凝固成型的产品,其构件的承载力等力学性能就要比其铸造件强得多。

1.3.2 在医疗领域的应用

3D打印应用于医疗领域,比如修复性医学领域,个性化定制的需求十分明显。用于治疗个体的产品基本上都是定制化的,不存在标准化生产。而3D打印技术的引入,降低了定制化的成本,随着全球老龄化程度的增加,修复性医学中的结构性的器官移植会持续增长,特别是牙科领域。

现阶段,3D打印在医疗领域的主要应用有如下几点:

(1) 修复性医学中的人体移植器官制造,假牙、骨骼、假肢等,如利用3D激光成型技术制作的钛合金移植颚骨。

(2) 辅助医疗中使用的医疗装置,如牙齿矫正器、助听器等。

(3) 手术和其他治疗过程中使用的辅助装置,如脊椎手术中用的固定静脉的器械装置。

(4) 现如今常用的人工关节主要由三部分组成:关节臼杯,股骨关节头和股骨关节柄。

大部分人工膝关节的股骨头仍采用金属球头,金属球头材料以锻造或铸造钴铬钼合金为主,有时也会采用钛合金或渗氮处理不锈钢材料,关节臼通用为 UHMWPE。关节头与关节臼杯的配合关系如图 1-4 所示。

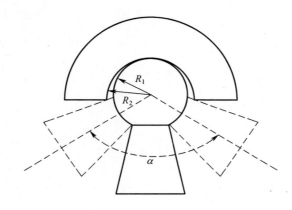

图 1-4 关节头与关节臼杯配合松动示意

加工关节臼杯的传统方法用金属陶瓷人工关节球面(球头、臼杯)珩磨抛光机床,该机器有如下特点:兼顾珩磨和抛光,一机两用;中文液晶触摸界面,免编程;优化的摆动控制,变化多端;刚柔相济的进给使砂轮延寿;尺寸在线检测适时结束程序;远程联机诊断方便维修服务;免维护冷滤,长保加工精度;五工位尾架充分适应各工序;新型全封闭罩壳复合 CE 标准。

金属材料 3D 打印医疗器械已经步入商品化、市场化。在 2007 年,欧盟即批准了由 EBM 技术制备的关节臼杯(CE-certified),供应商为 Adler Ortho 和 Lima Ortho。美国 FDA 于 2012 年批准了此类产品的上市。2007 年,Adler Ortho 的 Fixa Ti-Por 臼杯全球植入达到 1000 例,髋臼杯临床显示出良好骨融合。目前同种技术生产的臼杯全球植入已超过 30,000 例,年产量占全球臼杯类产品的 2%。提供

AM 金属医疗器械的公司除了欧洲的 Adler Ortho 和 Lima Ortho 外还有美国的 Medtronic 和 Exactech，如图 1-5 和图 1-6 所示。

图 1-5　国外市售通过 CE 认证或 FDA 认证的增材制造医疗器械
（中国现在尚无此类产品面世）

随着影像学和数字化医学的快速发展，3D 打印技术可为患者"量身定制"高精度的手术方案和植入体，从而提高关节外科复杂高难度手术的成功率，使手术更精确、更安全。

对于髋关节严重畸形患者，手术方案的制订非常具有挑战性，如假体型号的选择、假体安放位置的准确性以及畸形的矫正程度等都是术者面临的难题。相对 CT 或 MRI 采集的二维影像或计算机模拟三维图像，3D 打印的实体模型给医生提供的信息更全面，甚至可利用该模型进行手术模拟，从而提高手术成功率。Won 等人利用该技术为 21 例髋关节严重畸形患者成功制定手术方案并施行人工全髋关节

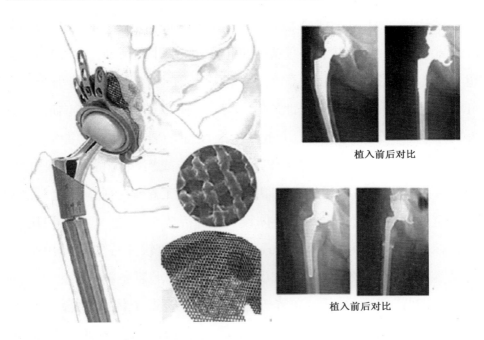

图 1-6　Lima Ortho 公司髋关节臼杯植入物、表面结构以及植入后的 X 光片

置换术,术后影像学检查表明假体组件均按计划精确植入,而且明显缩短了手术时间。此外,Sciberras 等人首次将该技术应用于 1 例复杂髋关节翻修术,该患者在人工全髋关节置换术后发生假体松动并伴髋臼内陷。若采用常规方法,很难对骨缺损类型和假体位置做出精准判断。术者根据患者骨盆 CT 扫描图像重建骨盆三维模型,采用 3D 打印技术制备了一个骨盆模型,并在该模型上进行病情评估和手术练习,最终手术获得成功。临床实践表明,3D 打印技术可有效确定植入物的类型、大小和位置,有利于术者制订最佳手术方案,指导术者开展个体化关节外科手术,使手术更精准,减少了手术时间和术中使用工具数量。

除了指导进行精准手术方案的制订外,3D 打印技术还能应用于手术辅助工具和个体化假体制备。Raaijmaakers 等人应用 3D 打印技术制备了一个用于股骨头表面置换的导针定位装置,该装置呈超半球型,与股骨头、股骨颈前表面紧密匹配,在该导向器引导下,可将假体柄精确安装在股骨颈解剖轴上,使以往复杂的定位过程变得简单、假体安装更精确。目前,标准尺寸的骨科植入物能满足大部分患者需求,但少数患者因解剖结构特殊或疾病的特异性往往需要定制个体化植入物。3D 打印技术具备加工精确、制作迅速、无需特殊模具等特点,使个体化假体设计、制备成为可能。王臻利用股骨髁影像数据资料,应用 Surfacer9.0 图像处理软件首先设计出膝关节假体三维模型,然后在 LPS600 快速成型机上制备树脂模型,经硅胶翻模、制作蜡模、成壳、浇铸等过程,最终获得个体化钛合金膝关节假体,成功为 1 例 14 岁右股骨下段骨肉瘤术后复发患儿施行保肢手术。He 等人利用 3D 打印技术制备了半膝关节和人工骨模具,分别通过快速铸造和粉末烧结成型技术制备出个体化钛铝合金半膝关节和多孔生物陶瓷人工骨,并将组装后的复合半膝关节假体植入患者体内,手术后随访表明该复合半膝关节假体与周围组织、骨骼匹配良好,并且具有足够的机械强度。Benum 等人应用该技术制备了个体化股骨假体和股骨髓腔导向器,使手术更精准,成功为两例石骨症患者施行人工全髋关节置换术。与标准尺寸的骨科植入物相比,3D 打印技术"量身定制"的个体化植入物与患者骨骼匹配更精准,患肢功能恢复更快。

1.3.3 在个人消费领域的应用

在惯常的制鞋程序中,"设计→做模型→再做鞋子"要花去很长时间。耐克公司(Nike)鞋类创新副总裁托尼·比格内尔(Tony Bignell)表示,制作出一款与设计构思完全相符的鞋子,可能要试上成百上千次。耐克公司已经将3D打印技术应用于模型设计,并在产品设计开发阶段助力设计师提速良多。

在传统制鞋法中,需要经过平面设计、3D建模、实体模具制作,以及制作真鞋的过程。从平面到立体、从模具到实物的每一个环节,都可能导致误差。

传统制法中必不可少的模具会给运动鞋制作带来不少麻烦。设计师从绘图到鞋子实现出来,底部和面部分别开发,因为模具费用极高,一个尺码的鞋子模具通常上万元至十万元,一套模具费用合计几百万元,甚至上千万元。

目前设计师普遍使用的木模是在一种树脂上雕刻。雕刻出来之后,把做好的鞋面与木模放在一起进行修改。这种模具质地比真实的鞋底要硬,无法在制作时完全模拟真实鞋底与鞋面缝合的效果。3D打印可以解决这个问题,它能够把鞋底和鞋面一次打印出来,实现了产品的一次成型,降低了成本,提高了效率。

耐克公司抛弃传统制鞋的过程,使用3D打印制造的"Vapor Laser Talon"鞋子,工艺与众不同,因为这样才有可能在短时间内突破限制,制造出帮助运动员在草地赛场上"飞"起来的鞋子。耐克公司结合摩擦力及轻量化频繁地调整和改进产品。最终,一只Vapor Laser Talon鞋(图1-7)仅重5.6盎司(158.7 g),相当于3枚鸡蛋的重量。结合反求工程的3D打印技术使耐克公司能够在短时期内完成设计制造舒适的鞋子,缩短了鞋子的生产周期,也提高了其生产效率,图1-7为3D打印的鞋子。

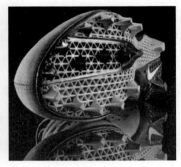

图 1-7　3D 打印的 Vapor Laser Talon 鞋

美国 Continuum Fashion 工作室设计了一款 3D 打印时尚凉鞋——Strvct（图 1-8）。这个富有创造性并充满超现实主义风格的网状结构，主要原料是尼龙，由 3D 打印而成。Strvct 打印过程中要持续地对原料分层，直到最后打印焊接完成。此款时尚凉鞋的外表给人一种很精致但易碎感觉，而实际上它既轻便又强韧。凉鞋里的皮质鞋垫上涂有一层合成橡胶，目的是为了增加摩擦力防滑。目前，顾客已可根据自己所喜欢的颜色、款式及尺码进行线上定制购买，其错综复杂的镂空设计就是一个亮点。每双 900 美元，从价位上看，它已经可以匹敌市场上的高端鞋了。

图 1-8　3D 打印时尚凉鞋——Strvct

时装设计师玛丽·黄与3D模型专家詹娜·费瑟利用三维CAD设计软件,设计出了3D打印比基尼泳衣的"蓝图"。由美国三维打印公司Shapeways进行生产。如图1-9所示,这一3D打印的新款比基尼泳衣运用的是一种选区激光烧结技术。该技术是通过很纤细的绳子将很多圆形薄片连接起来,进而形成比基尼泳衣的面料。而且,可以通过改变这些圆形薄片的分布、形状,以及彼此之间的连接,保证比基尼泳衣的柔韧性和牢固性。这款比基尼泳衣取名为"尼龙12",这是因为尼龙是这款泳衣的主要面料。这些尼龙材料由三维打印机直接制造,然后通过无缝拼接技术拼接。它拥有牢固、易弯曲及厚度仅0.7mm的纤细特点,因此即便是打印超薄比基尼,打印过程中也不会被折断。尼龙是一种很好的3D打印材料,具有很好的防水性,可以将其作为生产泳衣的首选材料。此外,该款泳衣经水浸泡后亲肤性能很好,穿着更加舒适。"尼龙12"每套售价为600美元。

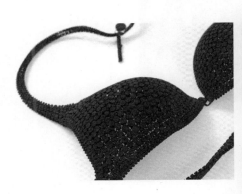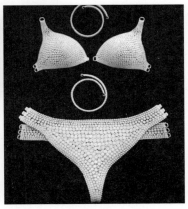

图1-9　3D打印的尼龙比基尼

服装设计师Michwal Schmidt和建筑设计师Francis Bitont共同设计了世界上第一款全铰链式3D打印的礼服(图1-10)。这款未来主义的黑色长礼服由 17 个独立构件拼接而成,有近 3000 个独特的铰链接头,其骨架完全根据身材的比例模拟,是由 Shapeways 印刷公司采用粉状尼龙进行 3D 打印制作而成。黑色网格面料完美地贴合模特的曲线,双肩立体后现代构造的凸起也是传统制衣手法无法实现的,再涂上光滑黑漆涂层,并在上面镶嵌了 13,000 颗施华洛世奇水晶,整个制作过程历时 3 个月之久。这件作品展示了 3D 打印技术的又一可能性,即可以根据人们的需求设计定制一件复杂的、拥有布料质感的礼服。

图 1-10 3D 打印的礼服

参 考 文 献

[1] 张桂兰. 神奇的 3D 打印. 数码印刷,2013(2):51-56.

[2] 黄卫东. 激光立体成形. 西安:西北工业大学出版社,2007.

[3] 黄卫东,林鑫,陈静,等. 金属零件的激光立体成形技术. 材料工程,2002,3:40-43.

[4] 章萍芝,张永忠,石力开,等. 金属零件的激光直接成形研究. 稀有金属材料与工程,2001,2:25.

[5] 王华明. 3D打印帮助中国制造飞机. 北京科技报,2013-9-23(052).

[6] Lisa A Pruitt. Deformation, yielding, fraeture and fatigue behavior of eonventional and highly cross-linked ultrahigh moleeular weighi Polyethylene. Biomaterials,2005,26:905-915.

[7] Reno F, Cannas M. UHMWPE and vitamin bioactivity: Anemerging Perspeetive. Biomaterials, 2006,27:3039-3043.

[8] Jin M, Dowson D, Fisher J. Allalysis of fluid film lubrieation in artifieial joint replaeements with surfaces of high elastie modulus. Proe. Inst. Meeh. Engrs,1997,211:247-256.

[9] Cremascoli P, Ohldin P. Orthopedic Implants with Integrated, Designed Network Structure for Improved Osseointegration. European Cells and Materials. 2009,17:7.

[10] Won S, Lee Y, Ha Y, et al. Improving pre-operative planning for complex total hip replacement with a Rapid Prototype model enabling surgical simulation. Bone Joint J, 2013, 95-B (11): 1458-1463.

[11] Sciberras N, Frame M, Bharadwaj R, et al. A novel technique for preoperative planning of severe acetabular defects during revision hip arthroplasty. Bone Joint J, 2013, 95-B (30): 63.

[12] Zhang S, Liu X, Xu Y, et al. Application of rapid prototyping for temporomandibular joint reconstruction. J Oral Maxillofac Surg, 2011, 69(2): 432-438.

[13] Raaijmaakers M, Gelaude F, De Smedt K, et al. A custom-made guidewire positioning device for hip surface replacement arthroplasty: description and rstresults. BMC Musculoskelet Disord, 2010, 11: 161.

[14] 王臻,腾勇,李涤尘,等. 基于快速成型的个体化人工半膝关节的研制——计算机辅助设计与制造. 中国修复重建外科杂志, 2004, 18(5): 347-351.

[15] He J, Li D, Lu B, et al. Custom fabrication of a composite hemi-knee joint based on rapid prototyping. Rapid Prototyping Journal, 2006, 12(4): 198-205.

[16] Benum P, Aamodt A, Nordsletten L. Customized femoral stems in osteopetrosis and the de-

velopment of a guiding system for the preparation of an intramedullary cavity a report of two cases. J Bone Joint Sury(Br), 2010, 92(9): 1303-1305.

[17] 黄瀚玉. Go Go Go 耐克 3D 打印鞋快跑. (2013-04-27)[2015-9-14]. http://www.gemag.com.cn/12/32130_1.html.

[18] 3D 打印鞋. (2012-08-21)[2013-04-06]. http://www.gdwh.com.cn/wscyg/20120821/article_937.html.

[19] 全球首款 3D 打印比基尼近日开始出售. (2012-08-26)[2013-04-06]. http://www.cnbeta.com/articles/203083.html.

第 2 章 3D 数据获取

随着工业技术的进步以及经济的发展,在消费者对产品高质量的要求下,产品不仅要具有先进的功能,还要有流畅、造型富有个性的产品外观,以吸引消费者的注意。流畅、美观、造型富有个性的产品外观必然会使得产品外观由复杂的自由曲面组成。但是,在设计和制造过程中,传统的产品开发模式(基于产品或构件的功能和外形,由设计师在计算机辅助设计软件中构造,即正向工程)很难用严密、统一的数学言语来描述这些自由曲面。为适应现代先进制造技术的发展,需要将实物样件或手工模型转化为 CAD 数据,以便利用快速成型系统、计算机辅助制造(Computer Aided Manufacture,CAM)系统、产品数据管理(Product Data Management,PDM)等先进技术对其进行处理和管理,并进行进一步修改和再设计优化。

获取真实物体的三维模型是计算机视觉、机器人学、计算机图形学等领域的一个重要研究课题,在计算机图形应用、计算机辅助设计和数字化模拟等方面都有广泛的应用。对于客观真实世界在计算机中的再现,也称为三维重建,一直是诸多领域的热门研究之一。长久以来,由于受到科学技术发展水平的限制,我们所能够得到并能对之进行有效处理及分析的绝大多数数据是二维数据,如目前应用最广的照相机、录像机、CDC 及图像采集卡、平面扫描仪等。然而,随着现代信息技术的飞速发展以及图形图像应用领域的扩大,如何能将现实世界的立体信息快速地转换为计算机可以处理的数据成了人类的梦想。

三维扫描仪就是针对三维信息领域的发展而研制开发的计算机信息输入的前端设备。人们只需对任意实际物体进行扫描,就能在计算机上得到实物的三维立体图像。它还原度好,精度高,为人们的创意设计、仿型加工提供了广阔的天地。即使是一个没有任何经验的用户,也能通过扫描实体模型,较容易地制作出专业品质的电脑三维图像与三维动画。

三维扫描仪,其实还包括三维数字化转换仪、激光扫描仪、白光扫描仪,工业CT系统、Rider等不同的称呼方式。所有设备的共同目的就是捕捉实物,然后用点云和面片再现出来。在中国南方,三维扫描俗称抄数。三维扫描仪大体分为接触式三维扫描仪和非接触式三维扫描仪。其中非接触式三维扫描仪又分为光栅三维扫描仪(也称拍照式三维描仪)和激光扫描仪。而光栅三维扫描又有白光扫描或蓝光扫描等,激光扫描仪又有点激光、线激光、面激光的区别。

2.1 三维扫描数据获取

三维扫描仪按照信息获取方式的不同可分为接触式和非接触式两大类。

2.1.1 非接触式三维信息获取

非接触式测量是以光电、电磁等技术为基础,在不接触被测物体表面的情况下，得到物体表面参数信息的测量方法。非接触式三维信息获取多采用深度映像技术和多传感器技术，并结合非线性求解及其他规正化方法。非接触式三维信息获取技术大多基于计算机视觉原理，需要结合摄像机拍摄的图像和目标与摄像头的位置关系。根据是向目标投射光以主动成像，还是不使用附加光源直接拍摄目标图像，这类方法又分为主动式和被动式两类。主动视觉的典型方法包括结构光法和编码光法；被动视觉则使用单目、双目和多目视觉方法，根据在不同的位置架设的单个、两个或多个相机拍摄目标物体，然后使用 Shape from X 方法或者多相机图像中的对应点视差来获得目标深度。非接触式三维信息获取的其他方法还有从光栅相位调制获得深度的 Moire 技术；从时间、相位或波束频率获得距离信息的雷达声纳测距法；从光相位调制获得深度的全息干涉技术；从清晰/模糊获得深度的透镜聚焦方法；获取结构信息的自动断层扫描技术等。非接触式获取方法的优点在于扫描速度快，适于软组织物体表面形态的研究，主要缺点在于受物体表面反射特性的影响，存在遮挡现象。以下介绍几种主要的非接触式三维获取方法。

1. 结构光法

结构光方法的基本思想是使用结构光投影的几何信息求得景物的深度信息。它是一种既利用图像又利用可控光源的测距技术。用具有特殊结构形状的光源投射到待测物体上，形成光条纹，再由相机拍摄被测物体，根据光源与相机的相对位置，按照计算机视觉的理论，由光条纹的形状可以计算出被照射点的三维坐标，这种方法又称为光条法。结构光图像中物体表面的光亮条越密，所得数据的分辨率越高。因此目前的结构光光源多采用激光，由于激光器可以生成较薄的光平面,因而具有较高的分辨率。

该方法是20世纪70年代初由Will和Pennington首先提出的。随后,Popplestone、Agin和Binford等人采用光条提取物体表面三维信息。80年代初,Potmesil、Tio和McPherson等人分别采用激光或白光作为投影光源形成点、线或光栅的投影,通过三角法得到物体的三维形体。80年代中后期,该方法在物与像的标定上有了较大的进步。最近几十年,由于新型半导体激光器和新型光电检测元件(如CDD和PSD)的不断发展和完善,使得结构光三维信息获取系统在小型化和高精度及高速度化等诸方面均有了长足的进展。目前,对该方法的研究主要集中在精度的提高上。已经有相当多的三维扫描仪产品是基于此原理开发的。如3D Digital Corp公司的Optix系列产品。

2. 编码光法和莫尔干涉条纹法

1987年,Boyer和Kak提出了编码光方法,其原理是通过时间、空间、彩色编码的光源帮助来确定物体表面的空间位置。光线通过一光栅投射到景物表面,其反射光回到光栅处与新的发射光产生干涉,在接收器上出现莫尔条纹,即莫尔条纹是两束光在传播路径中发生干涉在物体表面的黑白相间等距线,对等距线图像进行梯度运算,由此可以计算出距离。如GOM公司的ATOS系列产品,将一系列的多个不同空间密度的光栅投影到物体表面,形成一块待测区域,用数码摄像机获取物体形状(光栅变形)的信息。

3. 立体视差法

立体视差法是被动式方法的代表,根据三角测量原理,利用对应点的视差可以计算视野范围内的立体信息,用于双目和多目视觉。这种方法模拟人的视觉方式,用两部位于不同位置的相机对同一目标拍摄两幅图像,得到一组"像对"。对于目标上的一个采样点,它在两幅图像上都成像,根据它在两幅图像中的像点和相机位置,可以引出两条"视线",计算它们的交会点坐标,就是采样点的空间坐标。人类视觉系统对于深度的感知就部分基于这一原理。

4. 脉冲测距法

这一类方法由测距器主动向被测物体表面发射探测信号,信号遇到物体表面反射回来,依据信号的飞行时间或相位变化,可以推算出信号飞行距离,从而得到物体表面的空间位置信息。通常用激光或超声波作为探测脉冲。基于这一原理的激光干涉仪,精度可达光波长量级。但它需要在物体上放置专门的反射体,即属于有导轨测量,其应用范围受到很大限制,不能用于三维扫描。对于无导轨测量,目前基于这种技术,不少公司开发出了用于较大尺度的测距场合(如战场、建筑工地等)的产品。但对于小尺度场合的物体扫描,这类方法最大的困难在于探测信号和时间的精确测量,时间上一个很小的误差,乘上光速,得到的距离误差就很大。通常采用经过调制的激光,根据反射的调制波的相位变化来推算距离。Leica 公司和 Acuity 公司推出了采用激光或红外线的测距仪,精度在毫米级,Senix 公司则开发了超声测距仪。这种方法一般每次测量物体表面一个点,配合机械装置的扫描运动,完成对整个表面的扫描测量。这种方法不涉及图像处理问题,且受遮挡的影响小,但对装置中的脉冲探测和时间测量设备精度要求高,扫描速度慢。

5. 运动序列图像法

其基本思想是依靠物体或摄像机运动,得到多帧序列图像,通过对此图像序列中特定目标的数学分析和三维运动参数的计算,可从中获得物体的三维信息。一般选为图像序列分析的目标有点、线、实体轮廓和光流。早期基本上以单视点影像作为研究对象,对运动的分析存在非线性、相对性和解的不稳定性问题。为了解决这一问题,出现了双视点和多视点的运动恢复方法,但这又引入了立体像对中两幅图像之间立体匹配的问题。从图像中物体的轮廓能估计轮廓所围表面的方向。能在图像中产生轮廓线的基本方式有四种:①物体离观察者距离的不连续性;②表面朝向的不连续性;③表面反射率的变化;④阴影、光源强光部一类照明效应。利用轮廓信息,可以在一定程度上恢复物体表面的三维信息。

6. 逐层切片恢复形体方法

这种方法将所测物体逐层切片(一层一层地磨掉或切削掉),获得每一层的二维图像,然后利用所有的图像层信息恢复所测三维形体。该方法可同时获得物体表面和内腔的立体信息,特别适合于具有复杂内部结构零件的三维测量。但是,它是一种破坏性的处理过程,测量结束后工件原型被完全破坏,很多情形不宜采用。

7. 三维重建的 CT 方法和核磁共振方法

利用 X 射线、γ 射线、超声波等获得的多个投影,根据投影与 Fourier 变换之间的关系,可以重建人体内部器官的三维结构。CT 的成像过程,是以高能量、高穿透力的 X 射线入射并"穿透"人体受检部位的组织器官后,借不同组织器官的电子密度的差异,使入射 X 射线的能量强度由于被吸收而发生的相应的衰减所产生的线性变化规律——X 射线线性衰减系数,作为成像参数。该方法是诊断辐射学的一次革命。它在非医学领域也得到了应用,包括射电天文学、电子显微镜图形学等。核磁共振仪是利用核磁共振原理(Nuclear Magnetic

Resonance,NMR)制成的医疗现代化图像仪器。其基本原理是将受检物体置于强磁场中,某些质子(例如人体内的氢质子)磁矩沿磁场方向排列,并以一定的频率围绕磁场方向运动;在此基础上使用与质子进动频率相同的射频脉冲激发质子磁矩,使其发生能级转换;在质子弛豫的过程中,释放能量并产生信号。核磁共振成像是利用接收线圈获取上述信号后经放大器放大,并输入计算机进行图像重建,从而获得我们所需要的核磁共振图像。核磁共振成像是20世纪80年代以来广泛应用于临床的图像诊断新技术,其优点是可以在人体内部的纵剖面内成像,而CT机只能在横剖面内成像,从而弥补了CT机的不足。

2.1.2 接触式三维信息获取

接触式三维信息获取的基本原理是使用连接在测量装置上的测头(或称探针)直接接触被测点,根据测量装置的空间几何结构得到测头的坐标。典型的接触式三维扫描设备包括三坐标测量机和随动式三维扫描仪。

1. 三坐标测量机

三坐标测量机(Coordinate Measure Machine,CMM)是将一个探针装在三自由度(或更多自由度)的伺服装置上,驱动探针沿上下、左右、前后三个方向移动,当探针碰到物体表面时,分别测量其在三个方向的位移,就可以知道这一点的三维坐标。控制探针在物体表面移动、触碰,可以完成整个表面的三维测量。其优点是测量精度高,目前在工业生产领域仍然被广泛使用。其缺点也是很明显的:价格昂贵,速度较慢,无法得到色彩信息。这种装置虽然也是通过探针在物体表面扫描来工作,但更适合作纯粹的测量仪器。

2. 随动式三维扫描仪

随动式三维扫描仪是近年来出现的应用传感器技术的新型接触式测量工具,由人牵引着装有探针的机械臂在物体表面滑动扫描。机械臂的关节上装有角度传感器,可以实时测量关节的转动角度,根据臂长和各关节的转动角度计算出探针的三维坐标。其特点在于操作方便、精度高、成本低廉且不受物体表面反射情况的影响。

2.2 三维扫描原理

2.2.1 立体视觉三维形态测量方法

立体视觉三维形态测量属于被动式三维形态测量方法,它通过对空间物体从不同角度进行拍摄,根据物体在不同图像平面坐标系中对应匹配以及摄像机之间的空间标定关系,基于三角变换原理即可对空间物体进行三维重构,如图 2-1 所示。在该测量方法中,图像

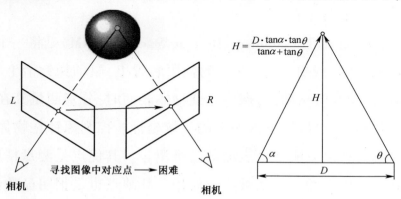

图 2-1 立体视觉三维形态测量方法

传感器依靠物体本身反射光线对其深度信息进行恢复;其中,需要解决的根本问题是三维世界中的点在不同图像平面坐标系中的对应点匹配问题。当物体表面具有比较丰富的纹理信息时,即可根据相应算法寻找两幅图像中的对应点;其难点和局限性在于当物体表面纹理稀疏时,寻找对应点算法复杂、耗时,这种方法便很难恢复出精细的深度信息。

2.2.2 飞行时间三维形态测量方法

飞行时间三维形态测量方法通常称为"时间飞行法",其系统组成与测量原理如图 2-2 所示。

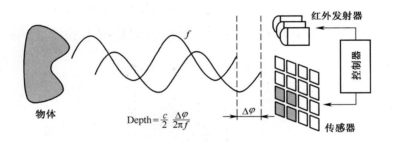

图 2-2 飞行时间三维形态测量方法系统组成与测量原理

红外发射器向被测物体发出红外波,如图 2-2 中 f 波形所示;传感器检测到反射后的红外波,如图 2-2 中反射波形所示,通过计算发射波与接收到的波相位差即可计算出发射器到物体的距离。飞行时间三维形态测量方法可以达到毫米级的测量精度,并且由于不需要借助于图像处理技术,因此不存在测量盲区问题,但是其测量效率较低,需要逐点扫描,而且测量精度受到光源功率的影响较大。

2.2.3 结构光投影三维形态测量方法

结构光投影三维形态测量方法通过将立体视觉中一个摄像机替

换成光源发生器(比如投影仪)实现。光源向被测物体投影按照一定规则和模式编码的图像,形成主动式三维形态测量。通过对拍摄到的投影图像进行解码可以建立相机平面和投影平面中点的对应关系,利用已标定好的相机和投影仪光学内、外部参数,即可求出图像中所有点的深度信息。因此,结构光投影三维形态测量方法很好地解决了立体视觉中对应点匹配难题。目前,线结构光投影三维形态测量技术发展最为成熟,但是其三维形态测量过程需要拍摄多张图像,测量效率较低。面结构光编码方法可以在二维方向上组织编码模式,编码更加灵活,单次测量可以获得测量场景中的全部三维数据。由于测量精度高、效率高以及测量范围广等优点使得面结构光投影三维形态测量方法成为当前三维形态测量技术的研究热点。

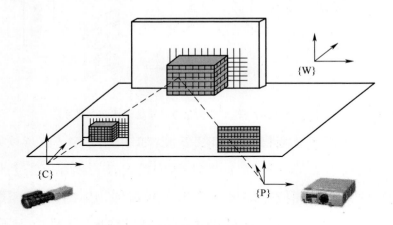

图 2-3 结构光三维形态测量

2.3 三维扫描仪简介

表 2-1 为非接触式三维扫描仪参数及其他介绍。

表 2-1 非接触式三维扫描仪参数及其他介绍

公司	规格	技术方法	光源	扫描时间或速度	精度	景深/mm	视差/mm	体积/mm³	测量范围	网址
3D Digital Corp	增强 Escan				30μm	100~200		225×200×100	600mm×550mm× 750mm 或 675mm×625mm× 850mm	http://www.3ddigitalcorp.com
	Optix500L 3DScanner	激光三角测量			50μm	100		575×100×150		
	Optix500M 3DScanner	激光三角测量			25μm	100	225	325×100×150	250mm×200mm× 375mm 或 375mm×325mm ×475mm	
	Optix500S 3DScanner	激光三角测量			8μm	100	100	325×100×150	75mm×50mm× 150mm 或 175mm×125mm ×250mm	
	Optix500H 3DScanner	激光三角测量			25μm	100	225	325×100×150	250mm×200mm× 375mm 或 375mm×325mm ×475mm	

(续)

公司	规格	技术方法	光源	扫描时间或速度	精度	景深/mm	视差/mm	体积/mm³	测量范围	网址
先临三维	EinScan-S 桌面三维扫描仪		白光	全自动扫描:<3min 自由扫描:<10s(单片)	≤0.1mm			折叠:400× 300×120 展开:630× 300×280	全自动扫描:215mm× 215mm×200mm 自由扫描:700mm× 700mm×700mm	http://www.shining3d.com
	OptimScan-5M 高精度三维扫描仪		蓝光(LED)	<2s	5~15μm	100~400			单面 100mm×75mm, 200mm×150mm, 400mm×300mm	
	EaScan-5M		蓝光(LED)	<5s		100~400			单面 100mm×75mm, 200mm×150mm	
Creaform	HandySCAN 300™		3对交叉激光线	205,000 次测量/s	最高 0.040mm	250		122×77×294	225mm×250mm	http://www.creaform3d.com/zh
	HandySCAN 700™		7对交叉激光线(+1额外一束)	480,000 次测量/s	最高 0.030mm	250		122×77 ×294	275mm×250mm	

2.4 三维扫描后处理软件

2.4.1 PolyWorks 软件

PolyWorks 是加拿大 InnovMetric 公司生产的软件。它可以快速而高效地处理由各种三维扫描仪获取的三维数据,并生成多种通用标准格式的数据。

功能特点

PolyWorks 的主要功能有两大模块。一个是 PolyWorks/Modeler,它的功能是建模。它可以处理目前流行的大部分三维激光扫描的数据。另外一个是 PolyWorks/Inspection,用于点云处理和测量,模块可以完成传统的常用特征测量(点、圆、面等)功能,它可以自动得出由于生产过程中造成的人为误差报告,例如绝对误差、相对误差等。主要用于汽车制造厂和 CAD,CAM 等领域的用户。

三维建模使用的是 PolyWorks/Modeler,PolyWorks8.0/Modeler 有以下 6 个主要模块:

(1) IMAlign 模块用于点云数据的配准。

(2) IMMerge 模块用于数据的融合。

(3) IMEdit 模块用于数据的编辑,可实现的操作如下:

· 三角形和顶点的选择和编辑,如选取边界、表面、体积等选取操作。

· 补洞操作,可自行填充模型的空洞。

- 优化网眼。
- 提取边和目标曲线。
- 减少编辑的网眼。
- 生成剖面。
- 分割多边形。

(4) IMCompress 模块用于数据的压缩。

(5) IMTexture 模块用于处理纹理。

(6) IMView 模块用于显示三维模型。

2.4.2 Imageware 软件

Imageware 由美国 EDS 公司出品,后被德国 Siemens PLM Software 所收购,现在并入旗下的 NX 产品线,是最著名的逆向工程软件。Imageware 因其强大的点云处理能力、曲面编辑能力和 A 级曲面的构建能力而被广泛应用于汽车、航空、航天、消费家电、模具、计算机零部件等设计与制造领域。

其主要产品包括:

(1) Surfacer:逆向工程工具和 class1 曲面生成工具。

(2) Verdict:对测量数据和 CAD 数据进行对比评估。

(3) Buildit:提供实时测量能力验证产品的制造性。

(4) RPM:生成快速成型数据。

(5) View:功能与 Verdict 相似,主要用于提供三维报告。

2.4.3 Geomagic Studio 智能化逆向工程软件

Geomagic Studio 是 Geomagic 公司的一款逆向软件,可根据任何实物零部件通过扫描点云自动生成准确的数字模型。作为自动化逆向工程软件,Geomagic Studio 还为新兴应用提供了理想的选择,如订制设备大批量生产、即定即造的生产模式以及原始零部件的自动重造。Geomagic Studio 可以作为 CAD,CAE 和 CAM 工具提供完美补充,它可以输出行业标准格式,包括 STL,IGES,STEP 和 CAD 等众多文件格式。

功能特点

(1) 扫描数据处理:

·从所有主要的三维扫描仪、数字化仪和硬测头测量仪中采集点云数据或多边形网格数据。

·优化扫描数据(通过删除体外孤点、减少噪声点和其他可用工具)。

·自动或手动拼接与合并多个扫描数据集。

·处理大型三维点云和探测数据集。

(2) 点和多边形网格编辑:

·通过随机点采样、统一点采样和基于曲率的点采样降低数据集的密度。

·根据点云数据创建准确的多边形网格。

·修改、编辑和清理多边形模型。

·一键自动检测并纠正多边形网格中的误差。

·检测模型中的原始特征(例如,圆柱、平面)并在模型中创建这些特征。

·新的"修补"命令为快速、准确地修复多边形模型提供了强大的动力。

·自动填充模型中的孔。

·将多边形模型导出成多种文件格式,包括 STL,OBJ,VRML,DXF,PLY 和 3DS。

·改进的输出功能(可输出到三维 PDF,从而在 PDF 文档中查看正在操作的完全嵌入式三维模型)现在支持 .PRC 格式。

·新增的直观"草图"功能可以从点云和多边形模型直接创建横截面曲线,并直接对其进行编辑。

(3)精确曲面建模:

·根据多边形模型一键自动创建完美的 NURBS 曲面。

·通过绘制的曲线轻松创建新的曲面片布局。

·根据公差自适应拟合曲面。

·创建模板以便对相似对象进行快速曲面化。

·输出尖锐轮廓线和平面区域。

·使用向导对话框来检测和修复曲面片错误。

·将模型导出成多种行业标准的三维格式(包括 IGES,STEP,VDA,NEU,SAT),以便在 SolidEdge,NX,Rhino 以及更多 CAD 系统中使用。

(4)参数化建模:

·将基于历史记录的模型直接输出为主要的机械 CAD 软件包,包括 Autodesk Inventor,Creo Element(前身为 Pro/ENGINEER),CATIA,SpaceClaim 和 SolidWorks。

·根据网格数据自动拟合以下曲面类型:平面、柱面、锥面、挤压面、旋转曲面、扫描曲面、放样曲面和自由形状曲面。

·自动提取扫描曲面、旋转曲面和挤压面的优化的轮廓曲线。

·使用现有工具和参数控制曲面拟合。

·自动扩展和修剪曲面,以便在相邻曲面间创造完美的锐化边界。

·无缝地将参数化曲面、实体、基准和曲线传输到 CAD 中,以便自动构建自然的几何形状。

2.4.4　Geomagic Design X 参数化逆向工程软件

Geomagic Design X(原 Rapidform XOR)是功能最全面的逆向工程软件,它结合了基于历史树的 CAD 建模和三维扫描数据处理,能创建出可编辑、基于特征的 CAD 数模并与现有的 CAD 软件兼容。

功能特点

(1) 处理点云 & 处理扫描数据:

·过滤杂点,采样,平滑点;编辑纹理;面片构建。

·简易的分割工具可以将大规模点云转换为小规模点云——分割点云。

·自动扫描数据处理,可将大规模扫描数据转换为高品质面片——面片创建精灵™。

·面片化(2D、3D、面片构建);合并(曲面、体积、面片构建)。

·对齐扫描数据;结合;消减;法线信息管理;传送扫描数据;平均面片;布尔运算面片。

(2) 将扫描数据与原始数据或 CAD 数据进行对齐:

·自动分析扫描特征、提示可能的坐标——对齐向导™。

·用户手动对齐;与 CAD 的快速、最优匹配对齐;与 CAD 进行基准匹配对齐。

(3) 最优化点云&面片操作:

· 自动面片修补&清理;用高曲率连续性来进行自动穴填补。

· 仅需一次点击便可以利用原始扫描数据创建无缝、优质面片——重新包覆™。

· 实时面片优化,从而保证可在 RP,CAM&CAE 中直接使用。

· 详细的分辨率控制(消减&细分);平滑控制(整体&局部平滑)。

· 针对 CAE 功能模型自动重新构建面片;高级 CAD 面片修补。

· 专业但是具有高互换性的面片编辑工具;高级面片建模&优化;批处理设计。

· 整体再面片化、删除标记、删除特征、穴填补、修正境界、平滑境界、境界拟合、将领域与解析形状进行拟合、分割&剪切、分割、赋厚、偏移等。

(4) 直接颜色纹理编辑:

· 面片的颜色-纹理-检索操作和纹理保存;颜色参数调整和编辑;扫描数据间的自动颜色平衡。

· 在最大限度地减少马赛克纹理的情况下,从大量纹理中创建单一的纹理图集。

· 3D 数据压缩与网站发布的视频流;图片格式的纹理图谱。

(5) 快速建模™:

· 继续几步便可创建指定特征的快捷工具——特征精灵™。

· 拉伸基础形状的实体/曲面;拉伸精灵;旋转精灵;扫描精灵;放样精灵;管道精灵。

· 针对在扫描数据上选定的领域进行智能地特征分析并使用适

当的精灵工具——快速建模™。

（6）设计助理™：

·从扫描数据中提取设计参数；自动面片领域分割可将面片作为设计参数来使用。

·从面片中自动提取设计特征参数,圆角半径和中心、草图平面&轮廓、扫描路径曲线、拉伸轴、镜像平面、旋转中心轴、管道中心轴、勾配角度、放样3D断面曲线、特征曲线、偏移/赋厚距离、圆柱/圆锥轴、长穴轴、阵列轴和方向、轮廓曲线、阵列线、珠线、螺旋体和螺旋曲线等。

·根据面片模型的尺寸和约束条件来自动创建草图轮廓。

·利用面片自动提取2D/3D设计特征；智能实时2D/3D几何形状识别与扫描。

·圆角命令中可选择向导来轻松检索有相同半径的边线。

（7）精度分析™：

·在用户自定义的允许偏差内进行设计；自动、实时错误的可视化。

·不同对象的灵敏分析工具（面片与面片、面片与CAD、点云与CAD等）。

·面片分析功能（偏差、曲率、环境写像）；曲线分析功能（偏差、曲率、扭矩、连接端点）。

·曲面分析功能（偏差、曲率、连续性、等距线、环境写像）。

（8）混合建模（实体、曲面、面片、点云、纹理）：

·高度精密的但是被广泛接受使用的实体和曲面建模工具。

·实体特征：拉伸、扫描、旋转、管道、赋厚、勾配、可变圆角、倒角、抽壳(壳)、直线/圆形/曲线阵列、布尔运算建模、押出成型、雕刻。

· 曲面特征:拉伸、旋转、扫描、放样、偏移、镜像、面填补、延长、剪切/反剪切、匹配、修补。

· 建模履历管理(重建特征履历、重新编辑 & 重排顺序);与 CAD 相似的特征管理。

(9) 快速自由面片创建曲面:

· 自动收缩包覆曲面的创建。

· 均匀创建曲线网格,创建有机形状;特征跟随曲线网格,创建特征明显的工业形状。

· 在允许偏差范围内优化原始面片数据;手动面片拟合曲面;自动曲线网格创建与手动曲线编辑。

(10) CAD 修正™-CAD-扫描重新拟合 & 设计:

· 以多种 CAD 文件格式导入 CAD 数据;快速、自动 CAD& 面片模型坐标对齐。

· 升级原始 CAD 模型,保存修改的特征;CAD 局部修改,一键式 CAD——扫描重新拟合。

(11) 尖端的曲线/草图工具:

· 从面片和点云上自动提取草图轮廓,轻松控制精度和设计意图。

· 自动尺寸 & 约束多种 2D 勾配工具;智能、实时的几何形状识别。

· 面片和点云的轮廓曲线;在点云和面片上的断面上设计自由曲线;复杂的 3D 曲线设计工具。

·基于曲率的曲线网格设计;在草图上绘制文本。

·多种曲线编辑工具,圆角、倒角、剪切、偏移、转换、延长、分割、镜像、调整、阵列等。

(12) LiveTransfer™——无缺失数据传送:

·将模型与建模履历传送到 CAD 系统,SolidWorks、SiemensNX、Creo(Pro/E)、Inventor。

·以多种标准文件格式输出模型;保存为 CATIA V4、CATIA V5 和 AutoCAD 文件格式。

(13) LiveScan™——与 3D 扫描设备的直接界面:

·实时引导扫描;在扫描的同时创建设计特征;高度完整的面片创建精灵。

·全自动的保存和扫描数据处理;探针的数字化。

(14) 视图与显示:

·多种面片显示方式(一系列点、线框、渲染、边线渲染、曲率、领域、几何形状类型)。

·智能点云渲染可满足大规模数据的可视化;多种点云渲染方式(深度、X 射线、高度)。

·灯光环境设置;视点管理;工作框设置;通过模式。

2.5 三维扫描仪的其他应用

2.5.1 虚拟现实领域

在仿真训练系统、灵境(虚拟现实)、虚拟演播室系统中,也需要大量的三维彩色模型,靠人工构造这些模型费时费力,且真实感差。此外,在 Internet 上炒得正热的 VMRL 技术如果没有足够的三维彩色模型,也只能是无米之炊,而三维扫描技术可提供这些系统所需要的大量的、与现实世界完全一致的三维模型数据。销售商可以利用三维扫描仪和 VMRL 技术,将商品的三维彩色模型放在网页上,使顾客通过网络对商品进行直观的、交互式的浏览,实现"HomeShoping"。

2.5.2 逆向工程领域

逆向工程(Reverse Engineering,RE)是对产品设计过程的一种描述,根据已经存在的产品模型,反向推出产品的设计数据的过程,即从实物到数字模型。这正是三维扫描重建技术研究的内容。在工业仿制、快速制造系统中有着重要的应用。当人们在机械加工中想快速精确地完成某件物品的仿制加工或是模具的设计时,只要对着需要仿制或复制的物品进行扫描,得到物体的计算机的三维图像(数字模型),这些数据能直接与各种 CAD/CMA 软件接口,在 CAD 系统中可以对数据进行调整、修补,再同数控加工设备进行6连接,一件与真实物品完全一样的仿制品就完成了,大大地提高了仿制加工的精度和速度;当人们需要重新设计时,你只需对计算机里的数字模型进行修改和设计,直到满意为止。原本复杂的设计工作变得方便快捷了,大大地提高了设计速度,缩短了设计周期,一切就这么简单。

2.5.3 文物保护领域

对于文物保护,三维扫描技术能以不损伤物体的手段,获得文物的外形尺寸和表面色彩、纹理等信息。所记录的信息完整全面,而不是像照片那样仅仅是几个侧面的图像,且利用这些信息构建的模型便于长期保存、复制、再现、传输、查阅和交流,使研究者能够在不直接接触文物的情况下,甚至在千里之外,对其进行直观的研究,这些都是传统的照相等手段所无法比拟的。有了这些三维模型,也给文物复制带来很大的便利。

目前,许多国家已将这一技术用于文物保护工作。美国斯坦福大学利用三维扫描技术实施"数字化米开朗基罗"项目,计划将文艺复兴时期的这位意大利著名雕塑家的作品数字化。欧洲的四家公司、三所大学、两座博物馆联合实施 Archatour 项目,其主要目标是以三维数字技术改进考古、旅游领域中的多媒体系统,而三维扫描重建是其中的关键一环。英国自然历史博物馆利用三维扫描仪对文物进行扫描,将其立体色彩数字模型送到虚拟现实系统中,建立了虚拟博物馆,令参观者犹如进入了远古时代。2001 年 10 月,加拿大保护中国文物基金会也向我国文物局捐赠了一套 Innovisino 公司生产的三维激光数字扫描仪,用于对正在建设的三峡水利工程三峡库区的古建筑、遗址和出土文物进行立体扫描重建,大量记录文物和考古现场。

2.5.4 数字娱乐领域

数字娱乐领域的应用更加广泛,包括电影、动画、游戏等领域。目前,最能发挥三维扫描重建技术作用的恐怕要数影视特技制作领域了。随着计算机图形图像技术的飞速发展,计算机影视特技技术也越来越广泛地应用于影视、广告业,给人们带来了全新的视觉感受,实现了过去无法想象的特技效果,已经成为高质量影视、广告制作中不可缺少的手段。要在计算机上对一个对象进行三维动画特技处理,首先必须获得其三维彩色数字化模型。目前有两种方法:一是在计算机中构造;二是设法获得实物的立体彩色模型。对于一些规则简单的,或者是完全想象虚构的物体,可以由电脑特技师利用三维构型软件构造。另外,在许多情况下,需要对特定的真实演员形象进行三维特技处理,制作一个真实、复杂物体的三维特技效果,对于这类真实、复杂的物体(例如人的头部或艺术品)是很难用软件制作出三维模型的。虽然现在的高级三维建模软件提供了自由曲线造型功能,但如果要完全利用软件制作出一个汤姆·汉克斯的三维彩色模型,恐怕再熟练的电脑特技师也会感到头痛。此外,如果用户要求在动画中加入一个真实的、精美绝伦的工艺品或文物的三维特技效果,即使特技师有耐心试图一点点地在构型软件中把它"做"出来,最终多半也是出力不讨好。而有了三维彩色扫描重建技术后,这些难题就会迎刃而解。它能迅速、方便地将演员、道具、模型等的表面空间和颜色数据扫描入计算机中,构成与真实物体完全一致的三维彩色模型,其数据格式能与通用的三维动画软件接口。有了这些数字化模型,就可以用三维动画软件对它们做进一步的特技处理,如旋转、压缩、拉伸、扭曲等各种变化,完成切割、剪裁、拼接、运动等各种特技处理,或融入特定的场景中,实现高难度的特技效果。而且三维扫描还可以利用纹理贴图技术得到物体的表面色彩纹理,甚至还可以将一个物体的色彩纹理图贴在另一个物体上,例如,将罗纳尔多的脸部纹理贴在一个足球上,以达到一些特殊效果:在美国经典影片《毁灭者》中,施瓦辛格附在飞机的翅膀上,而在现实制作中是不可能实现的。有了三维扫描重建技术,你只需将施瓦辛格进行扫描,得到他的三维图像,再对飞机模型进行三维扫描建模,在计算机里将两者进行后期制作,附在一起,一个惊险的动作就完成了。这不但大大地提高了制作水平和艺术效果,同时也节约了制作费用和制作时间。

2.5.5 服装制造领域

传统的服装制造,都是按照标准人形尺寸批量生产。随着生活水平的提高,人们开始越来越多地追求个性化服装设计,专门为特定的客户量体裁衣。三维扫描仪可以快速地测得人身体的所有尺寸,获得其立体彩色模型,把这些数据与服装 CAD 技术结合,可以在计算机内的数字化人体模型上,按每个人的具体尺寸进行服装设计,设计出最贴身、舒适的服装,并可以直接在计算机上观看最终的着装效果。整个过程速度快,效果好。这方面最早的运用是在军用服装上,美国 ARMSTRONG 实验室将 Cyberware 的三维扫描仪用于为高级战斗机飞行员量身定制飞行服。

参 考 文 献

[1] 解科峰. 逆向工程技术的相关理论及工程应用研究. 合肥:合肥工业大学,2007.

[2] 潘建刚. 基于激光扫描数据的三维重建关键技术研究. 北京:首都师范大学,2005.

[3] 3D 扫描仪转化成 CAD 最快捷的通道. [2015-10-22]. http://www.rapidform.com/zh-hans/home-4.

[4] Will P M, Pennington K S. Grid coding: Preprocessing technique for robot and machine vision. Artificial Intelligence, 1971,2(3): 319-329.

[5] Will P M, Pennington K S. Norel technique for image processing. Proc. IEEE, 1972,60(6): 669-680.

[6] Potmesil M. Generating models of solid objects by matching 3D surface segments. In: Proc 8th Intern Joint Conf Artif Intell, Karlsruhe, 1983: 1089-1093.

[7] Sato Y, Kitagawa H, Fujita H. Shape Measurement of Curved Objects Using Multiple Slit Ray Projections. IEEE Trans Patt Anal Mach Intell, 1982,4(6): 641-646.

[8] Tio J B K, McPherson C A, Hall E L. Curved Surface Measurement for Robot Vision. Proc RPIP, 1983: 52-96.

[9] 蒋向前,李柱,谢铁邦. 全息光栅干涉法测量曲面形貌的理论研究. 华中理工大学学报,1994,22(2):316-320.

[10] 孙龙祥. 深度图像分析. 北京:电子工业出版社,1996.

[11] 强玉俊,蒋大真,盛康龙. 工业CT研制进展. 核物理动态,1994,11(4):214-218.

[12] 胡寅. 三维扫描仪与逆向工程关键技术研究. 武汉:华中科技大学,2005.

[13] 韦争亮. 基于彩色编码的结构光动态三维测量及重构技术研究. 北京:清华大学,2009.

[14] Salvi Mas J, Garcia Campos R, Matabosch Gerones C. Overview of coded light projection techniques for automatic 3D profiling. IEEE International Conforence on Robotics ICRA,Taiwan,2010.

[15] Szeliski R. Computer vision: algorithms and applications. Singapore:Springer, 2010.

[16] 张广军. 视觉测量.8卷. 北京:科学出版社,2008.

[17] 韦争亮. 基于彩色编码的结构光动态三维测量及重构技术研究. 北京:清华大学,2009.

[18] 吴庆阳. 线结构光三维传感中关键技术研究. 成都:四川大学,2006.

第3章 3D打印的建模软件

随着计算机的快速发展，工业设计的计算机化达到了相当高的水平。通过计算机进行数据分析、建立模型、导入生产系统等，在人类生活和生产的重要环节中产生了越来越广泛的影响，并由此引发的新思想正逐渐渗透于工业设计学科领域中。

计算机辅助产品设计是指在以计算机软、硬件为依托，设计师在设计过程中凭借计算机参与新产品的开发研制的一种新型的现代化设计方式，它以提高效率、增强设计的科学性与可靠性，适应信息化社会的生产方式为目的。在产品设计的计算机表达中，主要倾向于对产品的形态、色彩、材料等设计要素的模拟，这是当今社会起主导作用的设计方式。

随着计算机技术的进步及设计人员的参与，计算机已经成为当今设计领域发生变化的最为重要的标志，无论在设计观念上还是在设计方法及程序上都为设计带来了全新的理念，全面地影响着设计领域内的各个方面。当然，作为高技术低智能的计算机，在设计思维的表达方面有一定的局限性，在设计中只能作为"辅助"工具被设计师应用。

传统的设计方法是通过二维表达后，再制作成实体模型，然后根据模型的效果进行改进，再制作成工程图用于生产，这样在二维表达到制作模型的过程当中，人为的误差是相当大的，在绘制工程图纸时设计师对优化方面的考虑需要通过详尽的计算和分析才能做出正确的判别，有时候往往因难而退。而计算机辅助设计的介入，使我们真正地实现了三维立体化设计，产品的任何细节在计算机面前都能详尽地展现在设计师的面前，并能在任意角度和位置进行调整，在形态、色彩、肌理、比例、尺度等方面都可以作适时的变动。在生产前的设计绘图中，计算机可以针对你所建立的三维模型进行优化结构设计，大大地节省了设计的时间和精力，而且更具有准确性。

3D 打印是全新的领域，同样 3D 设计的领域也非常广泛，主要有建模、渲染、动画等多个方面。目前 3D 设计主要还是依靠传统的三维设计软件进行三维设计。随着 3D 打印技术的发展，人们认识到传统的 3D 设计软件不能完全满足 3D 打印的需要，针对 3D 打印的三维设计软件应运而生。以下将主要介绍现在广泛推荐的开源或免费软件以及广泛应用的著名商业软件及新近推出的有关 3D 建模的软件。

3.1　Autodesk 123D

很多人对欧特克公司并不陌生，在计算机辅助设计领域该公司开发了很多商业设计软件。欧特克公司针对 3D 打印发布了一套相当神奇的三维建模软件 Autodesk 123D，有了它，你只需要简单地为物体拍摄几张照片，它就能轻松自动地为其生成 3D 模型。不需复杂的专业知识，任何人都能从身边的环境迅速、轻松地捕捉三维模型，制作成影片上传，甚至，你还能将自己的 3D 模型制作成实物艺术品。更让人意外的是，Autodesk 123D 还是完全免费的，让我们能很容易接触和使用它。它拥有3款工具,其中包含 Autodesk 123D、Autodesk 123D Catch 和 Autodesk 123D Make。

123D 是一款免费的 3D CAD 工具,你可以使用一些简单的图形来设计、创建、编辑三维模型,或者在一个已有的模型上进行修改,可以看作是一款三维版的 PhotoShop。

123D Catch 才是本文推荐的重点(图3-1),它利用云计算的强大能力,可将数码照片迅速转换为逼真的三维模型。只要使用傻瓜相机、手机或高级数码单反相机抓拍物体、人物或场景,人人都能利用 Autodesk 123D 将照片转换成生动鲜活的三维模型。通过该应用程序,使用者还可在三维环境中轻松捕捉自身的头像或度假场景。同时,此款应用程序还带有内置共享功能,可供用户在移动设备及社交媒体上共享短片和动画。

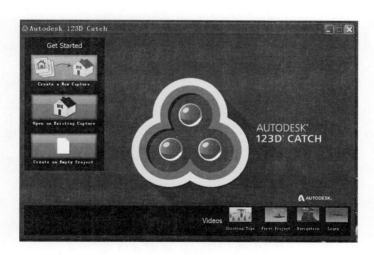

图3-1 123DCatch

当你制作好一些不错的 3D 模型之后,你就可以利用 123D Make 来将它们制作成实物了。它能够将数字三维模型转换为二维切割图案，用户可利用硬纸板、木料、布料、金属或塑料等低成本材料将这些图案迅速拼装成实物，从而再现原来的数字化模型。123D Make 可支持用户创作美术、家具、雕塑或其他简单的样机，以便测试设计方案在现实世界中的效果。欧特克开发的这项技术能像数字化工程师一样帮助个人用户创建三维模型，并最终将其转化为实物。123D Make 的设计初衷是为了使用户能够发挥创意，让他们能够在量产产品无法满足要求时，自行创建所需的产品。

123D Sculpt 是针对雕塑这一艺术领域开发的。它是一款运行在 iPad 上的应用程序，可以让每一个喜欢创作的人轻松地制作出属于他自己的雕塑模型，并且在这些雕塑模型上绘画。123D Sculpt 内置了许多基本形状和物品，例如圆形和方形、人的头部模型、汽车、小狗、恐龙、蜥蜴、飞机等。

使用软件内置的造型工具，也要比石雕凿和雕塑刀来得快多了。通过拉升、推挤、扁平、凸起等操作，123D Sculpt 里的初级模型很快拥有极具个性的外形。接下来，通过工具栏最下方的颜色及贴图工具，模型就不再是单调的石膏灰色了。另外，模型所处背景也是可以更换的。它可以将充满想象力的作品带到一个全新的三维领域。可以将在 SketchBook 中创作的作品作为材质图案，把它印在那些三维物体表面上。

3.2 Tinker CAD

它是一款功能非常简单的入门级软件，目前已经被 Autodesk 收购。Autodesk 把 Tinker CAD 加入到该公司的 123D 系列应用和服务中，它非常适合初学者使用，用户往往通过它熟悉3D建模，然后转到更高级的软件上。Tinker CAD专注于帮助用户使用3D打印机制作"有趣、有意义"的东西。与Autodesk 123D类似，这一系列服务和应用旨在消除技术门槛，帮助非专业技术人员使用CAD工具。Autodesk还计划在123D系列产品中整合Tinker CAD的功能，简化该服务的使用。

Tinker CAD是一个基于WebGL的简单实体建模应用，专注于几分钟内就可以完成3D设计作品的在线工具。而基于浏览器的3D建模工具消除了用户使用3D建模的技术门槛，无论是否是专业设计人员，用户都可以很方便地制作原型设计，并获得专业级的渲染效果。

总的说来，Tinker CAD功能比较简单。实体建模仅支持数种体素以及体素之间的布尔运算。仅支持常见体素，随着版本更新，种类有所增加。不支持直接操作，只能通过改变参数来设置几何尺寸。似乎也不支持编辑，可能几何再运算比较麻烦。支持工作面设置，能在工作面上放一把尺子，在建模的时候能够作为参考。

Autodesk宣布了所有的收费功能都将免费开放，可以无限制地存储设计模型，不仅可以通过简单地拖拽几何形状进行组合，甚至可以使用"超级脚本"进行更高水平的3D建模。Autodesk团队还计划继续研发该3D建模应用平台，加入更强大的导入、导出功能。

免费账号可以无限制地存储设计模型（以前只能存一个模型），支持导入STL格式的3D网格和SVG格式的2D文件。可以使用形状脚本工具，生成参数化3D模型（以前只对收费用户开放）。

图3-2为Tinker CAD设计软件界面。

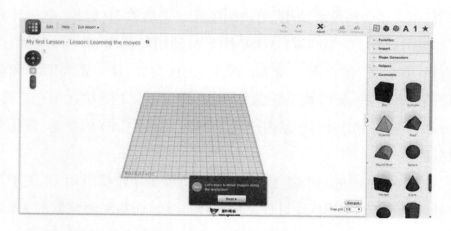

图 3-2　Tinker CAD 设计软件界面

3.3　Blender

随着开源运动的不断发展，Blender 这款免费软件越来越受到欢迎，它拥有自己的粉丝群和专门的在线社区，在这里用户大量分享这款软件中许多工具的使用经验。尽管 Blender 并不是一款一用就能上手的软件，但根据调查，Blender 是当前最为流行的 3D 建模软件之一。

Blender 是一个 GNU 的 3D 绘图软件（注：GNU 是一个类似 Unix，且为自由软件的完整的操作系统。因 GNU 的内核尚未完成，所以 GNU 使用 Linux 作为其内核），建模、算图、动画等功能都相当的完整，可以说已经具有了一般商业软件的规模。

Blender 的程序写得相当精简，也没有太多的图示，档案的体积缩得非常小，但并没有被缩减掉必要的功能。从各方面的工作能力来判断，Blender 具有作为一个第一线 3D 绘图/动画软件的能力，特别是由于免费以及使用系统资源低（跑起来的速度比一般的平面绘图软件还要快许多)的关系,相当适合个人使用。

  Blender 大部分的功能都有热键,操作起来相当的快捷;而由于几乎所有的功能按钮在鼠标移上去一段时间都会出现详细说明,也多少弥补了操作方式和一般软件不太相同,因此多少让人摸不着头绪的问题。Blender 的另一个特点是在设计上相当地注意小细节,例如所有的调节拉杆都可以手动输入数值,可以细部调整一些在一般软件中隐藏的参数,甚至对个别对象做出不同的画图设定等。Blender 并没有大部分的主流软件那么多的套装功能,但是如果能够确实了解每个参数的用途,那么是可以做出相当多样化的效果的。

  Blender 的建模以 mesh/polygon 为主,另外也包括各种曲线、NURBS 以及 meta ball 编辑的能力。之前用它画好 3D 模型之后,往往需要借助其他软件来将模型调试成适合 3D 打印的.stl 文件。而现在 2.67 版本的 Blender 增添了很多与 3D 打印相关的计算和显像功能,让使用 Blender 制作 3D 打印模型方便不少。

  目前,Blender V2.67(图 3-3)的 3D 打印工具箱有以下几个功能:

  (1) 统计功能。统计用户制作的 3D 网格的体积(默认以立方厘米为单位,是 3D 打印常用的单位);统计用户制作的 3D 网格的总面积(默认以平方厘米为单位)。

  (2) 检查功能。可检查网格模型是否是无缝的,是否有重叠或交错的面,是否有无棱无面的点存在,是否有扭曲的面,这些问题都可能在 3D 打印时造成麻烦。通常 3D 打印机都受限于一个最小壁厚值,因此模型太薄或太尖锐的部位打印机会直接忽略掉。有了这个功能,用户就不用担心明明画好的部位在打印时却莫名其妙地消失了。在没有支撑材料的情况下,打印模型的悬垂角度是有限制的,超过限制,模型在打印过程中就会垮塌。虽然根据材料和打印机性质的不同,这个限制角度也会有所不同,但不超过45°是一个比较安全的默认值。如图3-4所示。

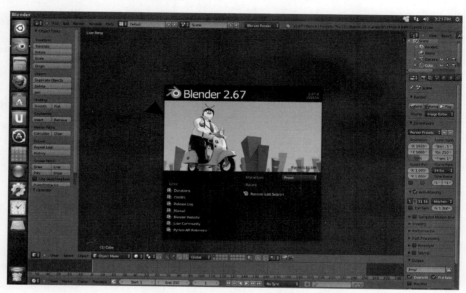

图3-3 Blender V2.67 软件界面

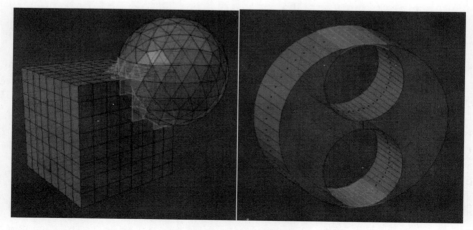

图3-4 检查模型

(3) 净化功能。可以去除孤立的面、边界线和点，可以改善扭曲的面。

(4) 输出功能。支持输出 3D 打印所需的各种文件格式。

3.4 SketchUp

SketchUp 是一个极受欢迎并且易于使用的 3D 设计软件，官方网站将它比喻作电子设计中的"铅笔"。它的主要卖点就是使用简便，人人都可以快速上手。尽管如此，根据 Materialise 公布的最流行的 3D 建模软件排名，许多人会惊讶地看到，SketchUp 软件屈居第二，落后 Blender。

SketchUp 这款软件拥有非常友好的用户界面，十分适合初学者，而且它在专业人员中的应用也很广泛，并在学校或者学生中间非常流行。

SketchUp 最初是由 Last Software 于 2000 年开发的，谷歌 2006 年将其收至麾下。2012 年 SketchUp 被出售给 Trimble Navigation 公司。

许多人把 SketchUp 作为他们学习 3D 建模的入门软件，还有很多人使用它的高级应用。其用途之一就包括 3D 打印。

Trimble 接手后仍然提供免费版本的 SketchUp，但现在它的名字叫作 SketchUp Make。Trimble 还推出了被称为 SketchUp Pro 的付费版本（495 美元+95 美元技术支持）。现在每年都推出新版本，并增加新的功能。

如果要用于 3D 打印，就要使用 SketchUp Pro（图 3-5），因为它集成了 3D 打印功能，比如用于 3D 打印模型的实体建模技术。如果使用其免费版本 SketchUp Make，Trimble 会提供一个 SketchUp 扩展，可以导出 STL 文件，然后可以用于 3D 打印。这个扩展用起来可能有点麻烦，但它确实有用。

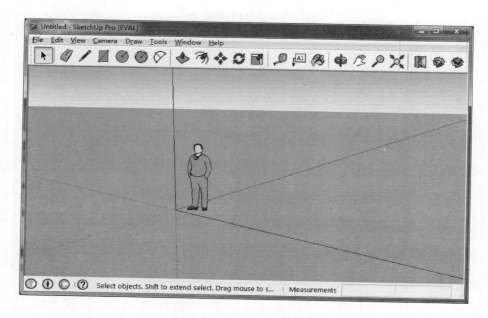

图 3-5　SketchUp Pro 软件界面

3.5　3DTin

3DTin 是一个使用 WebGL 技术开发的 3D 建模工具，是第一款可以在浏览器中完成三维建模的工具。你可以在浏览器中创建自己的 3D 模型，模型可以保存在云端或者导出为标准的 3D 文件格式，例如 .obj 文件或 Collada 文件。

3DTin 的幕后大师是 Jayesh Salvi，他是一位印度软件工程师，现居孟买。3DTin可以让大家更加随意地创建任何模型,因为它非常容易使用。

3DTin的一项重要功能是直接将你的3DTin模型输出为i. materialse格式,确保STL格式的模型在导出时能够保留色彩信息,因为大部分3DTin用户更偏爱彩色模型。而将3DTin模型导出为i. materialise仅需几个步骤:

(1) 完成3DTin模型后,按"导出"按钮;

(2) 选择i. materialise格式,按"导出";

(3) 几秒钟后,模型的导出就完成了,可以按"继续";

(4) 3DTin模型被发送到"三维打印实验室",如果需要的话,可以在此轻松地修改模型的尺寸或者选择复制品的数量。默认情况下,多重色彩是被选中的,因为认为这是3DTin的首要材质。当预定好后,就可以随时随地的以优惠的价格获得一款高质量的三维打印模型。

3.6 FreeCAD

FreeCAD是来自法国Matra Datavision公司的一款开源免费3D CAD软件(图3-6),基于CAD/CAM/CAE几何模型核心,是一个功能化、参数化的建模工具。FreeCAD是一种通用的3D CAD建模软件,其软件的改进是完全开源的(GPL的LGPL许可证)。FreeCAD的直接目标用户是机械工程、产品设计,当然也适合工程行业内的其他广大用户,比如建筑或者其他特殊工程行业。

FreeCAD 的功能特征类似 Catia，SolidWorks 或 Solid Edge，FreeCAD 能帮你建立 3D 零件，你能够连接或组装这些零件来构成一个结构或装置，称为机械装配。借由改变零件的外形、大小，及连接的形式，你也能在 FreeCAD 的虚拟三维环境中模拟测试你的结构系统而不用使用实体模型。

FreeCAD 的运行平台很多，目前运行在 Windows 和 Linux／Unix 和 Mac OSX 的系统，而且该软件在所有平台上显示的外观和功能是完全相同的。FreeCAD 可以将图形导出为 AutoCAD、3D View 等格式，是 AutoCAD，Solidworks 等商业软件的免费开源替代品。

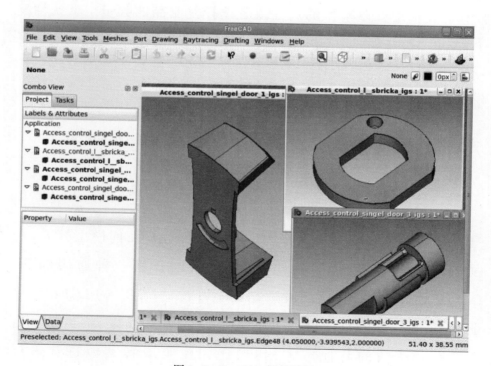

图 3-6　FreeCAD 软件界面

3.7 3DS MAX

3DS MAX 大家比较熟悉,是最大众化的且在广泛被应用的设计软件,它是当前世界上销售量最大的三维建模、动画及渲染解决方案,广泛应用于视觉效果、角色动画及游戏开发领域。它是 AutoDesk 公司开发的三维建模、渲染及动画的软件,在众多的设计软件中,3DS MAX 是人们的首选,因为它对硬件的要求不太高,能稳定运行在 Windows 操作系统上,容易掌握,且国内外的参考书最多。

3DS MAX 在产品设计中,不但可以做出真实的效果,而且可以模拟出产品使用时的工作状态的动画,既直观又方便。3DS MAX 有三种建模方法:Mesh(网格)建模,Patch(面片)建模和 Nurbs 建模。我们最常使用的是 Mesh 建模,它可以生成各种形态,但对物体的倒角效果却不理想。

3DS MAX 的渲染功能也很强大,而且还可以连接外挂渲染器,能够渲染出很真实的效果和现实生活中看不到的效果。还有就是它的动画功能,也是相当不错的。

3.8 Rhinoceros(Rhino)

Rhinoceros(Rhino)是全世界第一套将 Nurbs 曲面引进 Windows 操作系统的 3D 计算机辅助产品设计的软件。因其价格低廉、系统要求不高、建模能力强、易于操作等优异性,在 1998 年 8 月正式推出上市后让计算机辅助三维设计和计算机辅助工业设计的使用者有很大的震撼,并迅速推广到全世界。

　　Rhino 是以 Nurbs 为主要构架的三维模型软件。因此在曲面造型特别是自由双曲面造型上有异常强大的功能,几乎能做出我们在产品设计中所能碰到的任何曲面。3DS MAX 很难实现的"倒角"也能在 Rhino 中轻松完成。但 Rhino 本身在渲染(Render)方面的功能不够理想,一般情况下不用它的外挂渲染器(Flamingo),也可以把 Rhino 生成的模型导入到 3DS MAX 进行渲染。

　　Rhino 大小才十几兆,硬件要求也很低。但它包含了所有的 Nurbs 建模功能,用它建模感觉非常流畅,所有大家经常用它来建模,然后导出高精度模型给其他三维软件使用。

　　从设计稿、手绘到实际产品,或只是一个简单的构思,Rhino 所提供的曲面工具可以精确地制造所有用来作为渲染表现、动画、工程图、分析评估以及生产用的模型。

　　Rhino 可以在 Windows 系统中建立、编辑、分析和转换 Nurbs 曲线、曲面和实体。不受复杂度、阶数以及尺寸的限制,Rhino 也支持多边形网格和点云,如图 3-7 所示。

3.9　Solidworks

　　Solidworks 是著名的三维 CAD 软件开发供应商 Solidworks 公司发布的领先市场的 3D 机械设计软件,也是国内使用最多的三维 CAD 软件。Solidworks 是基于 Windows 平台的全参数化特征造型软件,它十分方便地实现复杂的三维零件实体造型、复杂装配和生成工程图。该软件可以应用于以规则几何形体为主的机械产品设计及生产准备

第 3 章 3D 打印的建模软件

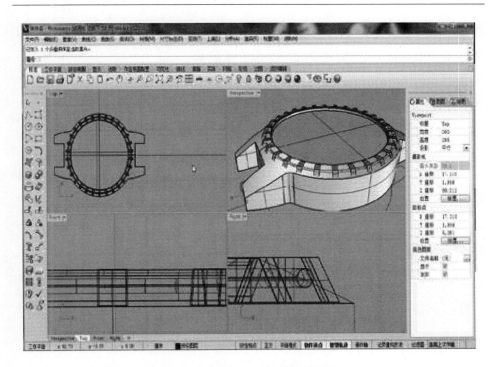

图 3-7 Rhinoceros 软件设计界面

工作中。Solidworks 释放设计师和工程师的创造力,使他们只需花费同类软件所需时间的一小部分即可设计出更好、更有吸引力、在市场上更受欢迎的产品。

Solidworks 软件功能强大,组件繁多。功能强大、易学易用和技术创新是 Solidworks 的三大特点,使得 Solidworks 成为领先的、主流的三维 CAD 解决方案。Solidworks 能够提供不同的设计方案、减少设计过程中的错误以及提高产品质量。

Solidworks 公司为达索公司的子公司,专门负责研发和销售机械设计软件的视窗产品。达索公司是负责系统性的软件供应商,并为制造厂商提供具有 Internet 整合能力的支援服务。该集团提供涵盖整个产品生命周期的系统,包括设计、工程、制造和产品数据管理等各个领域中的最佳软件系统,著名的 CATIVA5 就出自该公司之手,目前达索的 CAD 产品市场占有率居世界前列。

3.10 Pro/E

Pro/E 是 Pro/Engineer 的缩写,是较早进入国内市场的三维设计软件,它是由美国 PTC(Parametric Technology Corporation)公司开发的唯一的一整套机械设计自动化软件产品,它以参数化和基于特征建模的技术,提供给设计师一个革命性的方法去实现机械设计自动化。它由一个产品系列模块组成的,专门应用于产品从设计到制造的全过程。Pro/E 的参数化和基于特征建模的能力给工程师和设计师提供了空前容易和灵活的环境。Pro/E 的唯一数据结构提供了所有工程项目之间的集成,使整个产品从设计到制造紧密地联系在一起。

Pro/E 可以随时由三维模型生成二维工程图,自动标注尺寸,由于其具有关联的特性,并采用单一的数据库,因此修改任何尺寸,工程图、装配图都会相应地变动。

Pro/E 第一个提出了参数化设计的概念,并且采用了单一数据库来解决特征的相关性问题。另外,它采用模块化方式,用户可以根据自身的需要进行选择,而不必安装所有模块。Pro/E 的基于特征方式,能够将设计至生产过程集成到一起,实现并行工程的设计。它不但可以应用于工作站,而且也可以应用到单机上。

Pro/E 采用了模块方式,可以分别进行草图绘制、零件制作、装配设计、钣金设计、加工处理等,保证用户可以按照自己的需要进行选择使用。

1. 参数化设计

相对于产品而言，我们可以把它看成几何模型，而无论多么复杂的几何模型，都可以分解成有限数量的构成特征，而每一种构成特征，都可以用有限的参数完全约束，这就是参数化的基本概念。

2. 基于特征建模

Pro/E 是基于特征的实体模型化系统，工程设计人员采用具有智能特征的基于特征的功能去生成模型，如腔、壳、倒角及圆角，可以随意勾画草图，轻易改变模型。这一功能特性给工程设计者提供了在设计上从未有过的简易和灵活。

3. 单一数据库（全相关）

Pro/E 是建立在统一基层上的数据库上，不像一些传统的 CAD/CAM 系统建立在多个数据库上。单一数据库，就是工程中的资料全部来自一个库，使得每一个独立用户在为一件产品造型而工作，不管他是哪一个部门的。换言之，在整个设计过程的任何一处发生改动，亦可以前后反应在整个设计过程的相关环节。例如，一旦工程详图有改变，NC（数控）工具路径也会自动更新；组装工程图如有任何变动，也完全相同地反应在整个三维模型上。这种独特的数据结构与工程设计完整的结合，使得一件产品的设计及其方便快捷。这一优点，使得设计更优化，成品质量更高，产品能更好地推向市场，价格也更便宜。

3.11 Cubify Sculpt

美国 3D 打印机品牌商 3D Systems 日前正式发表一款软件——

Cubify Sculpt,应用虚拟黏土,让任何人士都能够使用一般的计算机与鼠标,轻松地制作出各种三维打印模型。

  Cubify Sculpt 的功能更为专业,却十分的易学易懂,只要会使用计算机,就能够制作出各种不同的 3D 设计作品。Cubify Sculpt 通过十分简易的工具,"捏"出各种不同的造型,例如细致的人脸、艺术品、装饰品等 3D 对象,无须经过专业的 3D 绘图训练,也能够制作出具有个性的 3D 对象并且通过 3D 打印机将对象输出成实体。

  Cubify Sculpt 的最大特色是简易使用,且能够立即编辑目前 3D 打印机最普遍支持的 STL 文件格式,因此可以将现有的作品加以改良,制作出更具创意的设计作品。此外还能够贴上 3D 立体花纹增加物品的质感,或是将 3D 对象上色后,通过特定的工艺打印出彩色的 3D 对象。

  目前 Cubify Sculpt 软件的售价为 129 美元,并于该公司的官方网站上提供 14 天免费试用下载,以及众多免费的对象可供下载学习使用。

  图 3-8 为 Cubify Sculpt 软件界面。

3.12 Alias Design Studio(Alias)

  Alias Design Studio(Alias)是一套相当专业的工业设计与模拟动画的软件,由加拿大 Alias Wavefront 公司开发。早期,该软件必须在高性能的计算机上才能运行,但由于个人计算机的运行性能逐渐提高,Alias 8.5 正式发布了 NT 版本,让 Alias 软件的应用跨入了另一个新的纪元。

第3章　3D打印的建模软件

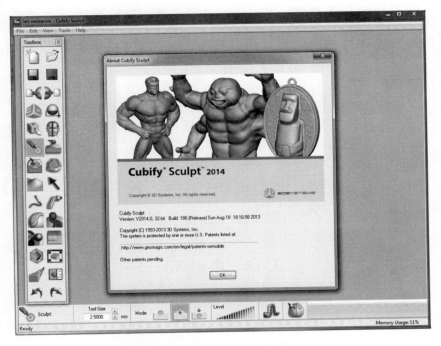

图3-8　Cubify Sculpt 软件界面

Alias 在工业设计、动画、雕塑、室内设计、建筑设计等领域，一直居于主导地位，在工程设计上，它擅长表达概念阶段的造型设计，设计者能够快速地将构想的草图以逼真的三维模型呈现在眼前。

3.13　UG(Unigraphics)

UG 是 Unigraphics Solutions 公司推出的集 CAD/CAE/CAM 为一体的三维机械设计平台，也是当今世界最先进的计算机辅助设计、分析和制造软件之一，广泛应用于航空航天、汽车、造船等领域。UG 是一个交互式的计算机辅助设计(CAD)、计算机辅助工程(CAE)和计算机辅助制造(CAM)系统。它具备了当今机械加工领域所需的大多数工程设计和制图功能。UG 是一个全三维、双精度的制造系统,使用户能够比较精确地描述任何几何形体,通过对这些形体的组合,就可以对产品进行设计、分析和制图。

UG 可以为机械设计、模具设计以及电器设计提供一套完整的设计、分析、制造方案:UG 提供了包括特征造型、曲面造型、实体造型在内的多种造型方法,同时提供了自顶向下和自下向上的装配设计方法,也为产品设计效果图输出提供了强大的渲染、材质、纹理、动画、背景、可视化参数设置等支持。

3.14 中望3D

国产软件中望 3D 2015 Beta 版于 2015 年 2 月 3 日正式向全球发布。历经五年中美研发精英的潜心研制,结合全球企业用户的应用反馈,中望 3D 2015 持续打造更人性化的操作体验,让工程师从此摆脱烦琐的操作,将自己心中所想随心所欲地展示出来,其中让人最期待的中望 3D 2015 功能包括:

(1)重点加强数据交互效率:包括 CATIA V5 的兼容性优化,保证第三方软件图纸导入质量,并且支持中望 CAD 复制对象到中望 3D 的草图或工程图环境。

(2)草图模块重点新增【画线剪裁】、【重叠检查】功能,编辑效果更加直观、智能,缩减重复性工作。

(3)同时推出全新的焊件设计功能,能满足企业常用的结构构件设计需求。

(4)打造更直观的工程图"3D 测量标注"功能新体验,还可以一键轻松实现 3D 测量标注与 2D 标注的自由切换。

从制造的整个流程来看，即使前端设计已经非常高效，但如果与生产环节无法顺畅对接，那么仍然达不到未来的自动化需求。而中望 3D 作为三维 CAD/CAM 一体化的软件，不仅能够确保数据在设计和生产之间自由传输，中望 3D 2015 版更精准、便捷的 CAM 模块将满足企业期待的设计制造一步到位，包括：

（1）优化 3 轴粗加工的完整区域加工功能，智能检查边界上薄壁坯料；加强 3 轴三维偏移精加工性能，在尖角及小步距设置情况下，提升拐角处刀轨的精确度。

（2）通过更安全、合理的规则，优化进退刀设置，例如优化了螺旋进刀的位置，尽可能生成相切的螺旋圆弧，并分析残料确保安全等。

（3）车削精加工全面支持刀具补偿，提供 5 个选项来控制不同的补偿刀轨和输出。

任何 3D 设计软件都可以用来设计模型，重要的是输出或者转换成 STL 格式，尺寸设置好后一般不会改变。而 3D 打印机一般都有它自己的软件，很多制图软件都可以导出 STL 文件，也就是说很多制图软件都可以用。如果导出的 STL 文件在打印机自己的软件里面有错误的话，可以使用软件修复一下就可以了。最近，中望软件又针对 3D 打印推出了面向中小学生的 3D 设计软件 3D One，使得设计 3D 建模更加方便（图 3-9）。

以上这些是比较常用的 3D 建模软件。对于哪种软件最好，在行业内有很多的争论，用户应根据自己的实际情况选择适合自己的软件。

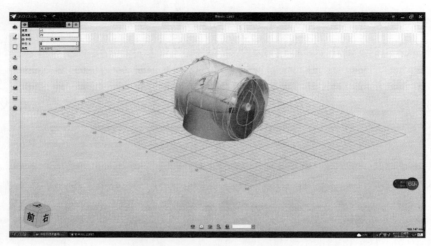

图 3-9 中望 3D One 设计界面

参 考 文 献

[1] 张兰成. 计算机辅助工业设计软件的选择与应用技巧. 2004 年工业设计国际会议论文集. 宁波, 2004.

[2] 3D 打印软件大全. (2013-05-10) [2015-9-8]. http://www.3dprinterscn.com/news/show-49.html.

[3] Autodesk 123D 神般强大的软件？轻松将照片变成 3D 模型并制作成实物. (2012-01-04) [2015-9-8]. http://www.iplaysoft.com/autodesk-123d.html.

[4] TinkerCAD:在线网页版 3D 建模平台. (2014-07-01) [2015-9-8]. http://www.egouz.com/topics/9345.html.

[5] Blender 介绍. (2008-05-22) [2015-9-8]. http://blog.sina.com.cn/s/blog_45e3d41901009d9d.html.

[6] 著名免费 3D 建模软件 Blender 新添 3D 打印工具箱. (2013-04-12) [2015-9-8]. http://www.3dpmall.cn/news/20130412/4603_1.html.

[7] 王婷. 草图大师 sketch up 的绘图魅力. 现代装饰(理论),2014,11:186.

[8] admin. 3D 建模软件 Sketch Up 的前世今生. (2014-3-5) [2015-9-8]. http://mak-

er8. com/article－793－1. html.

[9] adamyao. 四款强大的免费在线 3D 建模软件.（2013－02－18）[2015－9－8］. http://www.vx.com/news/2013/616_2.html.

[10] 通过 3DTin 进行 3D 打印.（2011－08－23）[2015－9－8］. http://site.douban.com/112017/widget/notes/1521190/note/168542350/.

[11] FreeCAD 中文版——替代 AutoCAD 的免费开源三维 3D CAD 建模软件.（2014－5－23）[2015－9－8］. http://www.lupaworld.com/article－238887－1.html.

[12] 三维建模软件简介.（2014－5）[2015－9－8］. http://3y.uu456.com/bp_2xbji7fdh19lpyv24ex8_1.html.

[13] 蔡智. 产品设计与渲染.（2008－3）[2015－9－8］. http://www.docin.com/p-116281884.html.

[14] SolidWorks.（2014－04－24）[2015－9－8］. http://baike.haosou.com/doc/3218636.html.

[15] Pro/e.（2015－05－22）[2015－9－8］. http://baike.baidu.com/link? url = NamN-VKGLsbLTiYX5omXkZqBfQLdgv5pM2WSIzAwwBQ9EcoKGfSHut0nckzLVjTfw6CMUXMiiPJ8DiMt9x8u0CK.

[16] 张兰成. 三维建模软件简介.（2015－05－16）[2015－9－8］.http://www.docin.com/p-1151096470.html.

[17] Sinapse. Cubify Sculpt 2014.（2013－11－14）[2015－9－8］.http://www.0daydown.com/11/76006.html.

[18] Ankee. Alias（Design studio）基础教程.（2003－5－13）[2015－9－8］. http://bbs.icax.org/thread－40526－1－1.html.

[19] 基于 CAD/CAM 软件的烟灰缸工艺造型与数控加工.（2013－02－22）[2015－9－8］. http://www.doc88.com/p-0008748806266.html.

[20] 中望 3D 2015 beta 首发,加速三维 CAD 设计与制造.（2015－02－03）[2015－9－8］. http://www.zw3d.com.cn/about/list-18/article-221-1.html.

[21] 3D One:面向中小学的 3D 打印设计软件.（2015－08－19）[2015－9－8］. http://www.zwcad.com/about/press_center/press_releases/607.html.

第4章 FDM打印技术

熔融沉积成型(Fused Deposition Modeling,FDM),又称熔丝沉积,是一种快速成型技术。随着 FDM 技术专利的到期,网上开源的 FDM 以其低门槛、低价格迅速占领了 3D 打印的个人消费市场,而在国内工业级的 FDM 的 3D 打印市场中,国外产品仍是主流。FDM 是将低熔点材料熔化后,通过由计算机数控的精细喷头按 CAD 分层截面数据进行二维填充,喷出的丝材经冷却、粘结、固化生成一薄层截面,层层叠加成三维实体。

4.1 机械结构

FDM 系统主要包括喷头、送丝机构、运动机构、加热工作室、工作台 5 个部分,如图 4-1 所示。

喷头是最复杂的部分,材料在喷头中被加热熔化,喷头底部有一喷嘴供熔融的材料以一定的压力挤出,喷头沿零件截面轮廓和填充轨迹运动时挤出材料,与前一层粘结并在空气中迅速固化,如此反复进行即可得到实体零件。它的工艺过程决定了它在制造悬臂件时需要添加支撑,这点与 SLS 完全不同。支撑可以用同一种材料建造,只需要一个喷头,现在一般都采用双喷头独立加热,一个用来喷模型材料制造零件,另一个用来喷支撑材料作支撑,两种材料的特性不同,制作完毕后去除支撑相当容易。

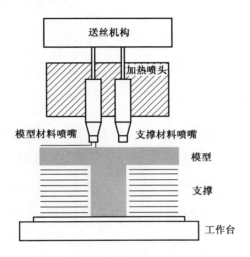

图 4-1 FDM 工艺原理示意图

送丝机构为喷头输送原料,送丝要求平稳可靠。原料丝一般直径为 1~2m,喷嘴直径只有 0.2~0.3mm 左右,这个差别保证了喷头内一定的压力和熔融后的原料能以一定的速度(必须与喷头扫描速度相匹配)被挤出成型。送丝机构和喷头采用推-拉相结合的方式,以保证送丝稳定可靠,避免断丝或积瘤。

运动机构包括 X,Y,Z 三个轴的运动。快速成型技术的原理是把任意复杂的三维零件转化为平面图形的堆积,因此不再要求机床进行三轴及三轴以上的联动,大大简化了机床的运动控制,只要能完成二轴联动就可以了。$X-Y$ 轴的联动扫描完成 FDM 工艺喷头对截面轮廓的平面扫描,Z 轴则带动工作台实现高度方向的进给。

加热工作室用来给成型过程提供一个恒温环境。熔融状态的丝挤出成型后如果骤然冷却,容易造成翘曲和开裂,适当的环境温度可最大限度地减小这种造型缺陷,提高成型质量和精度。

工作台主要由台面和泡沫垫板组成,每完成一层成型,工作台便下降一层高度。

4.2 工艺参数控制

在使用FDM快速成型系统进行成型加工之前,必须考虑相关工艺参数的控制。它们是分层厚度、喷嘴直径、喷嘴温度、环境温度、挤出速度、填充速度、理想轮廓线的补偿量以及延迟时间。

分层厚度是指将三维数据模型进行切片时层与层之间的高度,也是FDM系统在堆积填充实体时每层的厚度。分层厚度较大时,原型表面会有明显的"台阶",影响原型的表面质量和精度;分层厚度较小时,原型精度会较高,但需要加工的层数增多,成型时间也就较长。

喷嘴直径直接影响喷丝的粗细,一般喷丝越细,原型精度越高,但每层的加工路径会更密更长,成型时间也就越长。工艺过程中为了保证上下两层能够牢固地黏结,一般分层厚度需要小于喷嘴直径,例如喷嘴直径为0.15mm,分层厚度取0.1mm。

挤出速度是指喷丝在送丝机构的作用下,从喷嘴中挤出时的速度。填充速度则是指喷头在运动机构的作用下,按轮廓路径和填充路径运动时的速度。在保证运动机构运行平稳的前提下,填充速度越快,成型时间越短,效率越高。另外,为了保证连续平稳地出丝,需要将挤出速度和填充速度进行合理匹配,使得喷丝从喷嘴挤出时的体积等于粘结时的体积(此时还需要考虑材料的收缩率)。如果填充速度与挤出速度匹配后出丝太慢,则材料填充不足,出现断丝现象,难以成型；相反，填充速度与挤出速度匹配后出丝太快，熔丝堆积在喷头上，使成型面材料分布不均匀，表面会有疙瘩，影响造型质量。

喷嘴温度是指系统工作时将喷嘴加热到的一定温度。环境温度是指系统工作时原型周围环境的温度，通常是指工作室的温度。喷嘴温度应在一定的范围内选择，使挤出的丝呈黏弹性流体状态，即保持材料黏性系数在一个适用的范围内。环境温度则会影响成型零件的热应力大小，影响原型的表面质量。研究表明，对改性聚丙烯这种材料，喷嘴温度应控制在230℃。同时为了顺利成型，应该把工作室的温度设定为比挤出丝的熔点温度低1～2℃。

FDM成型过程中，由于喷丝具有一定的宽度，造成填充轮廓路径时的实际轮廓线超出理想轮廓线一些区域，因此，需要在生成轮廓路径时对理想轮廓线进行补偿。该补偿值称为理想轮廓线的补偿量，它应当是挤出丝宽度的一半。而工艺过程中挤出丝的形状、尺寸受到喷嘴孔直径、分层厚度、挤出速度、填充速度、喷嘴温度、成型室温度、材料黏性系数及材料收缩率等诸多因素的影响，因此，挤出丝的宽度并不是一个固定值，从而，理想轮廓线的补偿量需要根据实际情况进行设置调节，其补偿量设置正确与否，直接影响着原型制件尺寸精度和几何精度。

延迟时间包括出丝延迟时间和断丝延迟时间。当送丝机构开始送丝时，喷嘴不会立即出丝，而有一定的滞后，把这段滞后时间称为出丝延迟时间。同样当送丝机构停止送丝时，喷嘴也不会立即断丝，把这段滞后时间称为断丝延迟时间。在工艺过程中，需要合理地设置延迟时间参数，否则会出现拉丝太细、粘结不牢或未能粘结，甚至断丝、缺丝的现象；或者出现堆丝、积瘤等现象，严重影响原型的质量和精度。

4.3 工 艺 特 点

与其他工艺相比,FDM 工艺具有以下优势:

(1)不采用激光系统,使用和维护简单,从而把维护成本降到了最低水平。多用于概念设计的 FDM 成型机对原型精度和物理化学特性要求不高,便宜的价格是其推广开来的决定性因素。

(2)成型材料广泛,热塑性材料均可应用。一般采用低熔点丝状材料,大多为高分子材料如 ABS,PLA,PC,PPSF 以及尼龙丝和蜡丝等。其 ABS 原型强度可以达到注塑零件的 1/3,PC,PC/ABS,PPSF 等材料,强度已经接近或超过普通注塑零件,可在某些特定场合(试用、维修、暂时替换等)下直接使用。虽然直接金属零件成型的材料性能更好,但在塑料零件领域,FDM 工艺是一种非常适宜的快速制造方式。随着材料性能和工艺水平的进一步提高,会有更多的 FDM 原型在各种场合直接使用。

(3)环境友好,制件过程中无化学变化,也不会产生颗粒状粉尘。与其他使用粉末和液态材料的工艺相比,FDM 使用的塑料丝材更加清洁,易于更换、保存,不会在设备中或附近形成粉末或液体污染。

(4)设备体积小巧,易于搬运,适用于办公环境。

(5)原材料利用率高,且废旧材料可进行回收再加工,并实现循环使用。

(6)后处理简单。仅需要几分钟到一刻钟的时间剥离支撑后,原型即可使用。而现在应用较多的 SL,SLS,3DP 等工艺均存在清理残余液体和粉末的步骤,并且需要进行后固化处理,需要额外的辅助设备。这些额外的后处理工序一是容易造成粉末或液体污染,二是增加了几个小时的时间,不能在成型完成后立刻使用。

(7) 成型速度较快。一般来讲,FDM 工艺相对于 SL,SLS,3DP 工艺来说,速度是比较慢的,但是也有一定的优势,当对原型强度要求不高时,可通过减小原型密实程度的方法提高 FDM 成型速度。通过试验,具有某些结构特点的模型,最高成型速度已经可以达到 $60cm^3/h$。通过软件优化及技术进步,预计可以达到 $200cm^3/h$ 的高速度。

同样,其缺点也是显而易见的,主要有以下几点:

(1) 由于喷头的运动是机械运动,速度有一定限制,所以成型时间较长;

(2) 与光固化成型工艺以及三维打印工艺相比,成型精度较低,表面有明显的台阶效应;

(3) 成型过程中需要加支撑结构,支撑结构手动剥除困难,同时影响制件表面质量。

4.4 产品发展及技术研究现状

1. 产品发展

FDM 工艺由美国学者 Scott Crump 博士于 1988 年率先研制成功。

现今 FDM 产品制造系统应用最为广泛的主要是 Stratasys 公司,Stratasys 公司于 1993 年开发出第一台 FDM – 1650 机型后,先后推出了 FDM-2000,FDM-3000 和 FDM-5000 机型。

引人注目的是 1998 年 Stratasys 公司推出的 FDM-Quantum 机型,最大造型体积为 600mm×500mm×600mm。由于采用了挤出头磁浮定系统,可在同一时间独立控制两个挤出头,因此其造型速度为过去的 5 倍。

1999 年 Stratasys 公司开发出水溶性支撑材料,有效地解决了复杂、小型孔洞中的支撑材料难以去除或无法去除的难题,并在 FDM-3000 中得到应用,另外从 FDM-2000 开始的快速成型机上,采用了两个喷头,其中一个喷头用于涂覆成型材料,另一个喷头用于涂覆支撑材料,加快了造型速度。

目前 Stratasys 公司的主要产品有:适合办公室使用的 FDM Vantage 系列产品以及在此基础上开发的可成型材料更多的 FDM Titan 系列产品,另外还有成型空间更大且成型速度更快的 FDM Maxum 系列产品,还有适合成型小零件的紧凑型 prodigyplus 成型机。

Stratasys 公司 1998 年与 MedMedeler 公司合作开发了专用于一些医院和医学研究单位的 MedMedeler 机型,并于 1999 年推出可使用聚脂热塑性塑料的 Genisys 型改进机型 GenisysXs。

该公司自 2002 年起设备的销售台数超过了美国 3D Systems 公司,成为世界上最大的 RP 设备销售商,目前 Stratasys 公司每年销售的 RP 设备占到全球销售总量的一半左右。

随着 FDM 技术专利到期和 FDM 技术的开源,该技术在我国得到迅速发展。国内从事 FDM 设备生产的厂家有近百家,大多厂家都是小型企业,生产桌面型 3D 打印机(图 4-2)。最大的公司属北京太尔时代公司。每年生产的桌面 3D 打印机产量超过数万台。

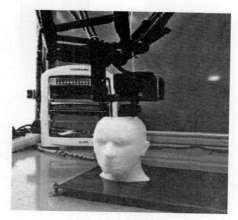

图 4-2 桌面 3D 打印机

2013年11月28日,中国科学院重庆研究院发布消息称,该院已成功研发出国内首台 3D 打印并联机器人,并实现了 FDM 的 3D 打印。"这台 3D 打印并联机器人主要由并联机构、3D 打印头、温控设备和软件系统组成。其中,并联机构包括机械手臂、电机、减速器等部件。"该院机器人技术研究中心副主任郑彬说,3D 打印头安装在机械手臂的前端,先在电脑上建模并传输给机器人,利用 ABS 工程塑料为原材料,通过材料熔化和层层覆盖的方式,就能打印出不同形状的塑料产品(图 4-3)。

图 4-3 FDM 打印机

2. 技术研究

在国内,上海富力奇公司的 TSJ 系列快速成型机采用了螺杆式单喷头,清华大学的 MEM-250 型快速成型机采用了螺杆式喷头,华中科技大学和四川大学正在研究开发以粒料、粉料为原料的螺杆式双喷头。其中,北京殷华公司通过对熔融挤压喷头进行改进,提高了喷头可靠性,并在此基础上新推出了 MEM200 小型设备、MEM350 型工业设备以及基于光固化工艺的 AURO-350 型设备。此外,殷华公司近几年推出了专门用于人体组织工程支架的快速成型设备 MedtisS。该型设备以清华大学激光快速成型中心发明的低温冷冻成型(LDM)工艺为基础,最多可同时装备 4 个喷头。该设备成型材料广泛,可成型 PLLA,PLGA,PU 等多种人体组织工程用高分子材料。成型的支架孔隙率高,贯通性好,在组织工程中有良好的应用前景。

在系统方面,丹麦科技大学(Technieal University of Denmark)的 Bellini Anna 将一个微型挤出器安装在一个精确定位系统上,它能直接使用颗粒状原料,从而扩大了 FDM 工艺的使用范围,提高了 FDM 制件的性能,达到使用 FDM 工艺制造特殊原型和熔融沉积快速成型精度及工艺研究快速制造的目的。目前,该系统和使用该系统的制件已经制作出来,但是一些工艺参数(如颗粒度等)还需要进一步优化。国内王伊卿、方勇等人对两种典型结构熔融沉积快速成型喷头中材料的压力场和速度场进行了有限元分析和实验验证,得出导致断丝的几个重要因素,并设计了一体化的喷头,保证出丝顺畅。

在材料方面,新加坡国立大学(National University of SingaPore)的 W. Dietmar 等人研制了一种新型 PCL 材料用于组织工程中,并通过数据说明了支架的多孔性和抗压性之间存在极大的关系。J. Eric,

Vamsik 等通过对 ABS 材料的改性处理，使材料表面具有亲水性和生物相容性，从而使得 FDM 工艺能够运用到生物领域，制备具有生物相容性的活性制件，拓展了 FDM 工艺的应用范围。S. Kannan, D. Senthilkumaran 等人在利用 FDM 进行成型时，对传统 ABS 材料添加镍涂层，并与未添加涂层的制件比较，发现添加了涂层的制件在力学性能上远远优于未添加涂层的制件。

在工艺方面，西安交通大学把 FDM 工艺中材料挤出过程改为由空气压缩机提供的压力挤出。结果表明，以气压作为挤压动力有效可行，系统工艺简单，成型材料选择范围广泛，可完成传统 FDM 的快速设计任务，还可完成制造人工生物活性骨的模型加工。Jorge Mireles, Ho-Chan Kim 等人利用 FDM 成型工艺进行低熔点金属合金的成型，制备了金属实体零件，同时验证单层的导电性，他们还对制件过程中的参数选择做了简单介绍。Olaf Diegel, Sarat Singamneni 等人提出了一种新的弯曲层熔融沉积制造方案，并利用其进行具有导电性聚合物的打印，甚至将 FDM 工艺推广到电子电路的制造中。我国的穆存远、李楠等人针对快速成型时采用逐层叠加制造的基本思想，对成型时的台阶效应引起的正偏差进行了分析计算，得出了影响该误差的因素及其误差曲线图，提出了减小误差的方法。

在实验方面，美国印第安科技大学（Indian Institute of Teehnology）的 K. Thrimurthulu 等人以成型件的成型时间和表面粗糙度为测试对象，通过遗传算法求出最优的成型方向，并通过实验验证了其合理性，该算法可以用来获取任意成型件的最优成型方向。新加坡国立大学的 W. Dietmar 等人用 FDM 制作组织工程中的细胞支架并研究其力学性能及机体对于支架的反应、接纳程度，实验结果证明在3~4周的时间里,新的组织可以在FDM制造的支架下生长。大连理工大学的郭东明教授等人也进行了FDM工艺参数优化设计,先是提出丝宽理论模型,然后通过正交试验得到影响试件尺寸精度及表面粗糙度的显著因素及水平,并进行参数优化,大幅度提高成型件的成型精度。朱传敏、许田贵等人对熔融沉积制造的填充方式进行了研究,针对四边形截面凸分解得到的子区,应用一种偏置于直线复合算法,对多边形轮廓进行填充,并成功应用在实例中。

在应用方面,澳大利亚Swinburne大学的S. H. Masood教授等人使用FDM工艺直接喷射金属制作注塑模嵌件。目前,他们正在对这种新工艺以及使用这种注塑模制作出来的塑料件进行研究。清华大学的颜永年教授等人利用喷射/挤出沉积成型方法制作了骨模型和耳状软骨,并在狗和兔子上进行了试验。颜永年教授还于2005年正式提出生物制造工程的概念,于2008年提出低温工程与绿色制造,目前他们在这方面的研究工作在国际上处于领先水平。

4.5 应用方向

作为一种全新的制造技术,快速成型能够迅速将设计思想转化成新产品,一经问世便得到了广泛的应用,涉及的行业包括建筑、汽车、教育科研、医疗、航空、消费品、工业等。近年来,FDM工艺发展极为迅速,目前已占全球RP总份额的30%左右。FDM主要的应用可以归纳为以下两个方面:

1. 设计验证

现代产品的设计与制造大多是在基于CAD/CAM技术上的数控

加工,显著提高了产品开发的效率与质量,但产品的 CAD 设计模型总是不能在 CAM 辅助制造之前尽善尽美。利用快速成型技术进行产品模型制造是三维立体模型实现的最直接方式,它提高了设计速度和信息反馈速度,使设计者能及时对产品的设计思路、产品结构以及产品外观进行修正。针对产品中重要的零部件,在进行批量生产前,为降低一定的生产风险,往往需要进行手板的验证,对于形状复杂、曲面众多的部件,传统手板加工方法往往很难加工,利用 RP 技术可以快速方便地制造出实体,缩短新产品设计周期,降低生产成本以及生产风险。

Mizuno 是世界上最大的综合性体育用品制造公司。1997 年 1 月,Mizuno 美国公司准备开发一套新的高尔夫球杆,这通常需要 13 个月的时间。FDM 的应用大大缩短了这个过程,设计出的新高尔夫球头用 FDM 制作后,可以迅速地得到反馈意见并进行修改,大大加快了造型阶段的设计验证,一旦设计定型,FDM 最后制造出的 ABS 原型就可以作为加工基准在 CNC 机床上进行钢制母模的加工。新的高尔夫球杆整个开发周期在 7 个月内就全部完成,缩短了 40% 的时间。现在,FDM 快速成型技术已成为 Mizuno 美国公司在产品开发过程中起决定性作用的组成部分。

2. 模具制造

RP 技术在典型的铸造工艺(如失蜡铸造、直接模壳铸造)中为单件小批量铸造产品的制造带来了显著的经济效益。在失蜡铸造中,快速成型技术为精密消失型的制作提供了更快速、精度更高、结构更复杂的保障,并且降低了成本,缩短周期。

FDM 在快速经济制模领域中可用间接法得到注塑模和铸造模。

首先用 FDM 制造母模,然后浇注硅橡胶、环氧树脂、聚氨酯等材料或低熔点合金材料,固化后取出母模即可得到软性的注塑模或低熔点合金铸造模。这种模具的寿命通常只有数件至数百件。如果利用母模或这种模具浇注(涂覆)石膏、陶瓷、金属构成硬模具,其寿命可达数千件。用铸造石蜡为原料,可直接得到用于熔模铸造的母模。

4.6 主要问题与发展方向

成型精度是快速成型技术中的关键问题,也是快速成型技术发展的一个瓶颈。快速成型技术由数据处理、成型过程和后处理三部分组成,所以可以推断快速成型误差由原理性误差、成型过程产生的误差和后处理产生的误差组成。

目前快速成型技术领域存在以下主要问题:

(1) 材料方面的问题。RP 成型方法的核心是材料的堆积过程,材料的成型性能一般不太理想,大多数堆积过程伴随有材料的相变和温度的不稳定,残余应力难于消除,致使成型件不能满足需求,要借助于后处理才能达到产品要求。

(2) 成型精度与速度方面的问题。RP 在数据处理和工艺过程中实际上是对材料的单元化,由于分层厚度不可能无限小,这就使成型件本身具有台阶效应。工艺要求对材料逐层处理,而在堆积过程中伴随有物理和化学的变化,使得实际成型效率偏低。就目前快速成型技术而言,精度和速度是一对矛盾体,往往难以调和。

(3) 软件问题。快速成型技术的软件问题比较严重,软件系统不仅是离散/堆积的重要环节,也是影响成型速度、精度等方面的重要影响因素。如今的快速成型软件大多是随机安装,无法进行二次开发,各公司的成型软件没有统一标准的数据格式,且功能较少,数据转换模型 STL 文件缺陷较多,不能精确描述 CAD 模型,这都影响了快速成型的成型精度和质量。因此发展数据格式统一并使用曲面切片、不等厚分层等准确描述模型的方法的软件成为当务之急。

(4) 价格和应用问题。快速成型技术是集材料科学、计算机技术、自动化及数控技术于一体的高科技技术,研究开发成本较高;工艺一旦成熟,必然有专利保护问题,这就给设备本身的生产和技术服务带来经济上的代价,并限制了技术交流,有碍 RP 技术的推广应用。虽然快速成型技术已在许多领域获得了广泛应用,但大多是作为原型件进行新产品开发及功能测试等,如何生产出能直接使用的零件是快速成型技术面临的一个重要问题。随着快速成型技术的进一步推广应用,直接零件制造是快速成型技术发展的必然趋势。

快速原型技术经过近 20 年的发展,正朝着实用化、工业化、产业化方向迈进。其未来发展趋势归纳如下:

(1) 开发新型材料。材料是快速成型技术的关键,因此,开发全新的 RP 新材料如复合材料、纳米材料、非均质材料、活性生物材料,是当前国内外 RP 成型材料研究的热点。

(2) 开发功能强大、标准化的成型软件和经济稳定的快速成型系统,提高快速成型的成型精度和表面质量。

(3) 金属/模具直接成型,即直接制造金属/模具并应用于生产中。

(4) 大型模具制造和微型制造,熔融沉积快速成型精度及工艺研究。

（5）反求技术。反求技术常用于仿制、维修和新产品开发，可大大缩短产品开发周期，降低成本，同时也是人体器官成型的核心与基础，在快速成型领域其已成为研究热点。

（6）低温成型及生物工程。低温成型成本低，制件方便，属于绿色制造。由于只有在低温下，生物材料和细胞才可能保持其生物活性，因此开发低温下的成型制造新技术，将生物材料、细胞或它们的复合体喷射成型，对生物制造具有决定性的意义。

（7）研究具有特定电、磁学性能的梯度功能材料及纳米晶材料。

（8）生长成型。伴随着生物工程、活性材料、基因工程、信息科学的发展，信息制造过程与物理制造过程相结合的生长成型方式将会产生，制造与生长将是同一概念。以全息生长元为基础的智能材料自主生长方式是 FDM 的新里程碑。

（9）远程制造。随着网络技术的发展，设计和制造人员可以通过各种桌面系统直接控制制造过程，实现设计和制造过程统一协调和无人化，实现异地操作与数据交换。用户可以通过网络将产品的 CAD 数据传给制造商，制造商可以根据要求快速地为用户制造各种制品，从而实现远程制造。

参 考 文 献

[1] 张兰成. 计算机辅助工业设计软件的选择与应用技巧. 2004 年工业设计国际会议论文集. 宁波,2004.

[2] 谭永生. FDM 快速成型技术及其应用. 航空制造技术, 2000,01:26 – 28.

[3] 罗晋,叶春生,黄树槐. FDM 系统的重要工艺参数及其控制技术研究. 锻压装备与制造技术, 2005,06:77 – 80.

[4] 刘伟军. 快速成型技术及应用. 北京:机械工业出版社,2005:1-53.

[5] 刘斌,谢毅. 熔融沉积快速成型系统喷头应用现状分析. 工程塑料应用,2008(12):68-70.

[6] 王伊卿,方勇,等. 熔融沉积快速成型喷头有限元辅助设计. 航空精密制造技术,2009,45(3):32-38.

[7] Dietmar W. Fused deposition modeling of novel scafold architectures for tissue engineering applications. Biomaterials,2002,23(4):1169-1185.

[8] Eric J McCullough, Vamsi K Yadavalli. Surface modification of fused deposition modeling ABS to enable rapid prototyping of biomedical microdevices. Journal of materials Processing Technology, 2013,213(6):947-954.

[9] Kannan S, SenthiIkumarans D, et al. Development of Composite Materials by Rapid Prototyping Technology using FDM Method. International Conference on Current Trends in Engineering and Technology,2013,13:281-284.

[10] 方勇,王伊卿,卢秉恒. 气压式熔融沉积系统丝宽与轮廓补偿研究. 模具制造技术,2007:53-56.

[11] Jorge Mireles, Ho-Chan Kim, et al. Development of a Fused Deposition Modeling System for Low Melting Temperature Metal Alloys. J. Electron Packag, 2012,134(4):041007-041012.

[12] Olaf Diegel, Sarat Singamneni, et al. Curved Layer Fused Deposition Modeling in Conductive Polymer Additive Manufacturing. Advanced Materials Research, 2011,199-200:1984-1987.

[13] 穆存远,李楠,等. 熔融沉积成型台阶正误差及其降低措施. 制造技术与机床,2010,(9):91-93.

[14] Thrimurthulu K. Optimum part deposition orientation in fused deposition modeling. Maehine Tools & Manufaeture,2002.

[15] Dietmar W. Hutmaeher. Mechanical properties and cell cultural response of polycaprolaetone scaffolds designed and fabrieated via fused deposition modeling. HUTMACHER ET AL,2000.

[16] 邹国林,郭东明,贾振元. FDM工艺精度分析与正交试验设计. 电加工与模具,2001(4):23-25.

[17] 朱传敏,许田贵,朱啟太. 复合式路径填充算法的熔融沉积制造. 现代制造工程,

2010,2(8):89-92.

[18] 张人佶,颜永年,林峰,等. 低温快速成形与绿色制造. 绿色制造技术,2008(4):71-73.

[19] 杨恩源. 基于 FDM 快速成型工艺的优化. 北京服装学院学报(自然科学版),2012,01:70-76.

[20] 颜永年,陈立峰,王笠. 快速成形技术的发展趋势和未来. 2001 年中国机械工程学会年会暨第九届全国特种加工学术年会. 北京:机械工业出版社. 2001.

[21] 颜永年,林峰,张人佶. 快速制造技术及其应用发展之路. 航空制造技术,2008(11):26-31.

[22] 颜永年,张人佶,林峰,等. 快速制造技术的发展道路与发展趋势. 电加工与模具,2007S1:525-529.

[23] Rafiq Noorani. Rapid prototyping:principles and applications. NewJersey:John Wiley & Sons Ine, 2006.

第5章 光固化3D打印技术

5.1 液态树脂光固化技术

1. 光固化立体成型(SLA)技术概述

光固化立体成型(SLA)工艺属于"液态树脂光固化成型"这一大类。SLA用的是紫外光源,SLA的耗材一般为液态光敏树脂。

世界上第一台3D打印机采用的是SLA工艺,这项技术由美国人Charles W. Hull发明,他由此于1986年创办了3D Systems公司。该技术原理是:在树脂槽中盛满有黏性的液态光敏树脂,它在紫外光束的照射下会快速固化。成型过程开始时,可升降的工作台处于液面下一个截面层厚的高度。聚焦后的激光束,在计算机的控制下,按照截面轮廓的要求,沿液面进行扫描,使被扫描的区域树脂固化,从而得到该截面轮廓的塑料薄片。然后,工作台下降一层薄片的高度,再固化另一个层面。这样层层叠加构成一个三维实体,如图5-1所示。

SLA的材料是液态的,不存在颗粒的东西,因此可以做得很精细,不过它的材料比SLS贵得多,所以它目前用于打印薄壁的、精度较高的零件。适用于制作中小型工件,能直接得到塑料产品。它能代替蜡模制作浇筑磨具,以及金属喷涂模、环氧树脂模和其他软模的母模。

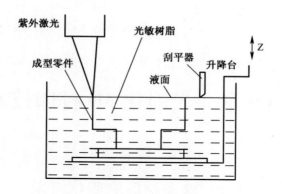

图 5-1 SLA 工作原理图

SLA 的优点：

(1) 光固化成型是最早出现的快速成型工艺，成熟度最高。

(2) 经过时间的检验，成型速度较快，系统工作相对稳定。

(3) 打印的尺寸也比较可观，可以做到 2m 的大件，关于后期处理特别是上色都比较容易。

(4) 尺寸精度高，可以做到微米级别，比如 0.025mm。

(5) 表面质量较好，比较适合做小件及较精细件。

SLA 的缺点：

(1) SLA 设备造价高昂，使用和维护成本高。

(2) SLA 系统是对液体进行操作的精密设备，对工作环境要求苛刻。

(3) 成型件多为树脂类，材料价格贵，强度、刚度、耐热性有限，不利于长时间保存。

(4) 这种成型产品对贮藏环境有很高的要求，温度过高会熔化，工作温度不能超过 100℃。光敏树脂固化后较脆，易断，可加工性不好。成型件易吸湿膨胀，抗腐蚀能力不强。

(5) 光敏树脂对环境有污染,会使人体皮肤过敏。

(6) 需设计工件的支撑结构,以便确保在成型过程中制作的每一个结构部位都能可靠地定位,支撑结构需在未完成固化时手动去除,否则容易破坏成型件。

2. 数字光处理(DLP)技术概述

数字光处理(DLP)技术,也属于"液态树脂光固化成型"这一大类,DLP 技术和 SLA 技术比较相似,不过它使用高分辨率的数字处理器投影仪来固化液态聚合物,逐层进行光固化。由于每次成型一个面,因此在理论上也比同类的 SLA 快得多。该技术成型精度高,在材料属性、细节和表面粗糙度方面可匹敌注塑成型的耐用塑料部件。DLP 技术利用投射原理成型,无论工件大小都不会改变成型速度。此外,DLP 技术不需要激光头去固化成型,取而代之是使用极为便宜的灯泡照射。整个系统并没有喷射部分,所以并没有传统成型系统喷头堵塞的问题出现,大大降低了维护成本。DLP 技术最早由美国德州仪器公司开发,目前很多产品也是基于德州仪器提供的芯片组。

ZCory 公司使用 DLP 技术开发了 ZBuilder 产品系列,使得工程师能够在产品大规模生产前验证设计的形状、匹配和功能,从而避免成本高昂的生产磨具的修改,缩短了上市时间。国外有一名叫 Tristram Budel 的创客发布了一款开源的高分辨率的 DLP 3D 桌面打印机。

5.2 光固化立体成型技术

5.2.1 光固化立体成型的系统组成

通常的光固化立体成型系统由数控系统、控制软件、光学系统、树脂容器以及后固化装置等部分组成,如图 5-2 所示。

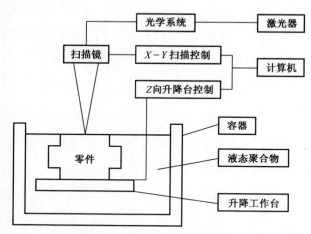

图 5-2 光固化立体成型工艺原理图

数控系统及控制软件:数控系统和控制软件主要由数据处理计算机、控制计算机以及 CAD 接口软件和控制软件组成。数据处理计算机主要是对 CAD 模型进行离散化处理,使之变成适合于光固化立体成型的文件格式(STL 格式),然后对模型定向切片。控制计算机主要用于 X-Y 扫描系统、Z 向工作平台上下运动和重涂层系统的控制。CAD 接口软件内容包括对 CAD 数据模型的通信格式、接受 CAD 文件的曲面表示格式、设定过程参数等。控制软件包括对激光器光束反射镜扫描驱动器、X-Y 扫描系统、升降台和重涂层装置等的控制。

光学系统:

(1)紫外激光器。用于造型的紫外激光器常有两种类型:一种是氦-镉(He-Cd)激光器,输出功率为 15~50mW,输出波长为 523nm;另一种为氩(Ar)激光器,输出功率为 100~500 mW,输出波长为 351~365nm。激光束的光斑直径为 0.05~3mm,激光的位移精度可达 0.008mm。

(2) 激光束扫描装置。激光束扫描装置有两种形式：一种是电流计驱动的扫描镜方式,其最高扫描速度可达 15m/s,它适合于制造尺寸较小的高精度的原型件；另一种是 X-Y 绘图仪方式,激光束在整个扫描的过程中与树脂表面垂直,适合于制造大尺寸、高精度的原型件。

树脂容器系统和重涂层系统：

(1) 树脂容器。盛装液态树脂的容器由不锈钢制成,其尺寸大小决定了光固化立体成型系统所能制造原型或零件的最大尺寸。

(2) 升降工作台。由步进电机控制,最小步距可达 0.02mm,在全行程内的位置精度为 0.05mm。

(3) 重涂层装置。重涂层装置主要是使液态光敏树脂能迅速、均匀地覆盖在已固化层表面,保持每一层片厚度的一致性,从而提高原型的制造精度。

后固化装置：当所有的层都制作好后,原型的固化程度已达 95%,但原型的强度还很低,需要经过进一步固化处理,以达到所要求的性能指标。后固化装置用很强的紫外光源使原型充分固化。固化时间依据制件的几何形状、尺寸和树脂特性而定,大多数原型件的固化时间不少于 30min。

5.2.2 光固化快速成型的工艺过程

光固化快速原型的制作一般可以分为前期处理、光固化成型加工和后处理三个阶段。

1. 前期处理阶段

前期处理阶段主要是对原型的 CAD 模型进行数据转换、确定摆放方位、施加支撑和切片分层,实际上就是为原型的制作准备数据。

（1）CAD 三维造型:可以在 UG,Pro/E,Catia 等大型 CAD 软件上实现。

（2）数据转换:对产品 CAD 模型的近似处理,主要是生成 STL 格式文件。

（3）确定摆放方位：摆放方位的处理是十分重要的,不但影响着制作时间和效率,更影响着后续支撑的施加以及原型的表面质量等,因此,摆放方位的确定需要综合考虑上述各种因素。

（4）施加支撑:摆放方位确定后,便可以进行支撑的施加了。施加支撑是光固化快速原型制作前期处理阶段的重要工作。对于结构复杂的数据模型,支撑的施加是费时而精细的。支撑施加的好坏直接影响着原型制作的成功与否及制作的质量。支撑施加可以手工进行,也可以用软件自动实现。软件自动实现的支撑施加一般都要经过人工的核查,进行必要的修改和删减,以便于在后续处理中对支撑的去除及获得优良的表面质量。

（5）切片分层处理:光固化快速成型工艺本身是基于分层制造原理进行成型加工的,这也是快速成型技术可以将 CAD 三维数据模型直接生产为原型实体的原因,所以,成型加工前,必须对三维模型进行切片分层。需要注意在进行切片处理之前,要选用 STL 文件格式确定分层方向也是极其重要的。SLT 模型截面与分层定向的平行面达到垂直状态,对产品的精度要求越高,所需要的平行面就越多。平行面的增多,会使分层的层数同时增多,这样成型制件的精度会随之增大。我们同时需要注意到,尽管层数的增大会提高制件的性能,但是产品的制作周期就会相应的增加,这样会增加相应的成本,降低生产效率,增加废品的产出率,因此我们要在试验的基础上,选择相对合理的分层层数,来达到最合理的工艺流程。

2. 光固化成型加工阶段

特定的成型机是进行光固化打印的基础设备。在成型前,需要先将成型机启动,并将光敏树脂加热到符合成型的温度,一般为38℃。之后打开紫外光激光器,待设备运行稳定后,打开工控机,输入特定的数据信息,这个信息主要根据所需要的树脂模型的需求来确定。当进行最后的数据处理的时候,我们就需要用到 RpData 软件。通过 RpData 软件来制订光固化成型的工艺参数,需要设定的主要工艺参数为:填充距离与方式、扫描间距、填充扫描速度、边缘轮廓扫描速度、支撑扫描速度、层间等待时间、跳跨速度、刮板涂铺控制速度及光斑补偿参数等。根据试验的要求,选择特定的工艺参数之后,计算机控制系统会在特定的物化反应下使光敏树脂材料有效固化。根据试验要求,固定工作台的角度与位置,使其处于材料液面以下特定的位置,根据零点位置调整扫描器,当一切按试验要求准备妥当后,固化试验即可以开始。紫外光按照系统指令,照射指定薄层,使被照射的光敏材料迅速固化。当紫外线固化一层树脂材料之后,升降台会下降,使另一层光敏材料重复上述试验过程,如此不断重复进行试验,根据计算机软件设定的参数达到试验要求的固化材料厚度,最终获得实体原型。

3. 后处理阶段

光固化成型完成后,还需要对成型制件进行辅助处理工艺,即后处理。目的是为了获得一个表面质量与力学性能更优的零件。

此处理阶段主要步骤为:

(1) 将成型件取下用酒精清洗；

(2) 去除支撑；

(3) 对于固化不完全的零件还需进行二次固化；

(4) 固化完成后进行抛光、打磨和表面处理等工作。

5.3 光固化立体成型技术研究现状

1. 国内研究现状

20世纪90年代初期，我国开始大规模的研究快速成型技术，虽然起步较晚但已取得了丰硕的成果。

机器设备方面，依据目前快速成型机的发展来看，其成型加工系统主要分为两类：①面向成型工业产品开发的较为高端的光固化快速成型机；②面向成型一些三维模型的较为低端的光固化快速成型机。西安交通大学也大力开展了对SLA成型过程的研究，并取得了丰硕的成果，不仅有LPS系列和CPS系列的快速成型机成功问世，而且还开发出一种性能优越、低成本的光敏树脂。这些研究成果都将为后人的研究工作提供宝贵的经验，并为其照亮探索之路。上海联泰三维科技有限公司成立于2000年，是国内最早从事3D打印技术应用的企业之一，也推出多款RS系列的光固化快速成型机。

在成型所用材料种类的繁衍方面，由于该种先进制造技术在高速发展，并不断地被深入研究，用户对其制件的要求也在不断提高，进而对用于成型的材料也有了更高的要求，而现有的光固化树脂材料存在的问题也势必会——得到解决，同时新的树脂材料体系也在不断地问世。一种新型的可见光引发剂由南京理工大学成功研发，它可以感 680nm 红光。湖北工业大学的吴幼军等人发现了一种固化效果较好的光固化体系,而此体系主要是针对 532nm 绿光激光器,而且同时还对树脂的成分进行了优化,从而使树脂的性能得到一定程度的改进。

数据处理技术的研究方面,热点主要体现在如何能够提高成型系统中数据处理的精度和速度,力求减少数据处理的计算量和由于 STL 文件格式转换过程中产生的数据缺失和模型轮廓数据的失真。陈绪兵、莫建华等人在《激光光固化快速成型用光敏树脂的研制》一书中提出了一种新的数据算法,即 CAD 模型的直接切片法。这种算法不但具有降低数据前处理时间的优点,同时还可以避免 STL 文件的检查与错误修复,大大减少了数据处理的计算量。而上海交通大学的周满元等人在《基于 STEP 的非均匀自适应分层方法》一书中提到了一种基于 STEP 标准的三维实体模型直接分层算法,而且这种算法正逐步被大家所接受,作为国际层面上的数据转换标准。它成功避免了 STL 格式的转换,而是直接对 CAD 模型进行分层处理,继而获取薄片的精确轮廓信息,极大地提高了成型精度,并具有通用性好的优点。

2. 国外研究现状

目前,国际上有许多公司都在研究光固化快速成型技术,其中研究成果较为突出的主要有光固化快速成型技术的开创者——美国的 3D Systems,德国知名企业 EOS 公司,日本的 C‑MET 公司和 D‑MEC 公司等。光固化技术的始祖,美国的 3D Systems 公司对如何提高成型精度及使用激光诱发光敏树脂发生聚合反应的过程进行了深入的研究之后,相继推出了 SLA‑3500,SLA‑5000 和 SLA‑250HR

三种快速成型机机型,其扫描速率分别可达 2.5m/s 和 5.2m/s,成型层厚最小能够达到 0.05mm,两年之后又成功开发出 SLA-7000 机型,其扫描速度比之前机型提高了约 2 倍,可达到 9.53m/s,成型层厚约为之前机型的 1/2,最小厚度可达 0.025mm。此外,许多公司对开发专门用于检验设计、模拟制品视觉化和对成型制件精度要求低的概念机也十分关注。

寻找非常规能源,采用激光作为光源的固化快速成型机,而激光系统无论是价格还是维修维护费用都较为昂贵,大大提高了成型加工的成本。所以,研发出新的成本低廉的能源迫不及待。而日本的化药公司、DENKEN ENGINEERING 公司和 AUTOSTRADE 公司强强联合,率先研制出一种半导体激光器,以此作为快速成型机光源,可大大降低快速成型机的成本。

目前国际上,光固化快速成型技术主要应用于制作医疗模型、机械模具、家电和通信行业,还可以用于汽车车身的制造方面,通过光固化快速成型技术制作出精密的车身金属模具,浇铸出车身模型,之后进行碰撞与风洞试验,并取得了令人满意的效果。同样,也可用于汽车发动机进气管制造环节,通过试验,仍然取得了理想的效果,大大降低了试验成本。

5.4 光固化立体成型的材料研究

1. 光固化树脂的研究现状

光固化树脂(预聚物)又称齐聚物,是含有不饱和官能团的低分子聚合物,多数为丙烯酸酯的低聚物。和常规的热固材料一样,在光固化材料的各组分中,预聚物是光固化体系的主体,它的性能基本上决定了固化后材料的主要性能。一般来说,预聚物相对分子质量越大,固化时体积收缩小,固化速度也快,但相对分子质量大,需要更多的单体稀释。因此,聚合物的合成或选择是光固化配方设计时的重要一环。

目前,光固化所用的预聚物类型几乎包括了热固化用的所有预聚物类型。所不同的是,预聚物必须引入可以在光照射下能发生交联聚合的双键或环氧基团。如能发生游离基型聚合的不饱和聚酯、聚酯丙烯酸酯、聚醚丙烯酸酯等,能发生游离基加成的聚硫醇-聚丙烯等,能发生阳离子聚合的环氧丙烯酸等。

光敏树脂种类繁多,性能也大相径庭,其中应用较多的有:环氧丙烯酸酯、聚氨酯丙烯酸酯、聚酯丙烯酸酯、聚醚丙烯酸酯、丙烯酸树脂、不饱和聚酯树脂、多烯/硫醇体系、水性丙烯酸酯以及阳离子固化用预聚物体系等。现在工业化的丙烯酸酯化的预聚物主要有四种类型即丙烯酸酯化的环氧树脂、丙烯酸酯化的氨基甲酸酯、丙烯酸酯化的聚酯、丙烯酸酯化的聚丙烯酸酯,其中以环氧丙烯酸酯和聚氨酯丙烯酸酯二种为最重要。表5-1列出了常见的预聚物的结构和性能。

表5-1 常见预聚物的结构和性能

类型	固化速率	抗张强度	柔性	强度	耐化学性	抗黄变性
环氧丙烯酸酯	快	高	不好	高	极好	不好
聚氨酯丙烯酸酯	快	可调	好	可调	好	可调
聚酯丙烯酸酯	可调	中	可调	中	好	不好
聚醚丙烯酸酯	可调	低	好	低	不好	好
丙烯酸树脂	快	低	好	低	不好	极好
不饱和聚酯树脂	慢	高	不好	高	不好	不好

2. 光固化树脂的发展趋势

丙烯酸酯类单体仍是目前使用量最大的预聚物。由于环保立法对其的限制和对"绿色技术"的日益重视,目前研究的重点在于发展多种反应性多官能团单体和改性丙烯酸酯类单体。Kuaffillan 等人研究了一系列具有支化结构低玻璃化转变温度的聚酯型丙烯酸酯树脂,其相对分子质量高于普通低聚物,具有良好的热稳定性及耐紫外光性,且膜的颜色较浅。马来酰亚胺衍生物在丙烯酸体系中具有单体和引发剂的双重功能,经光照后其分子激发至单层激发态,再由系间交叉至三重激发态,然后夺取助引发剂如醚、胺等上的活泼氢原子,生成两个自由基,这一过程已被证实。

20 世纪 80 年代末期,出现了以阳离子机理固化成膜的预聚物,即非丙烯酸酯预聚物,常用于阳离子光固化的预聚物是乙烯基醚化合物系列、环氧化合物系列。乙烯基醚类齐聚物可以用轻基乙烯基醚与相应树脂反应得到;环氧类齐聚物有环氧化双酚 A 树脂、环氧化硅氧烷树脂、环氧化聚丁二烯、环氧化天然橡胶等,其中最常使用的双酚 A 环氧树脂,其黏度较高,聚合速度慢,一般与低黏度聚合速度快的脂肪族环氧树脂配合使用。这类光活性预聚物不受 O_2 的阻聚作用,固化速度快,同时阳离子聚合过程中可以发生单离子链的终止反应及链转移。

随着研究的进一步深入,出现了水溶性预聚物,如聚乙二醇丙烯酸酯、聚氨酯丙烯酸酯等。这类预聚物在固化前有较强的吸水性,而固化后又有较强的抗水性,已经报道了一些水性紫外光固化体系。今后,光固化的预聚物,一方面要进一步发展水溶性的,另一方面,是研制不含溶剂的粉末型光固化树脂。

5.5 基于 SLA 技术的 3D 打印机

1．工业级打印机

在 3D 打印的领域里，3D Systems 和 Stratasys，这两个名字不得不提，它们争斗了近 30 年，持续上演着双雄争霸，它们的故事演绎着一个行业的发展轨迹。

3D Systems 公司的技术优势和特色有：SLA（光固化立体成型）的始祖，全彩 3D 打印。产品线涵盖个人级 3D 打印机、生产级 3D 打印机、专业级 3D 打印机。

世界上第一台 3D 打印机采用的是 SLA 工艺，这项技术由 Charles W. Hull 发明，他由此于 1986 年创办了 3D Systems 公司，致力于将该技术商业化。为了让机器更加准确地将 CAD 模型打印出实物，Charles 又研发了著名的 STL 文件格式。STL 格式将 CAD 模型进行三角化处理，用许多杂乱无序的三角形小平面来表示三维物体，如今已是 CAD/CAM 系统接口文件格式的工业标准之一。

不过光固化立体成型技术也有自己的缺陷。它采用紫外光对物体进行固化，这项技术所采用的材料有一定的局限，而且无论机子本身还是光固化材料都价格昂贵。这使得基于该技术的快速成型与 3D 打印技术的普及速度都受到了限制。

与此同时，20 世纪 80 年代中期，身为传感器制造商 IDEA 的联合创始人和销售副总裁的 Scott Crump 决定设计一个能快速生产模型的机器。与光固化立体成型不同，它的材料是热塑性塑料。这一技术被 Scott Crump 称为熔融沉积成型（FDM），这一技术的出现对 3D Systems 公司造成一定的冲击。他于 1989 年创立了 3D 打印机的制造商 Stratasys 公司,担任 CEO 至今。

1988 年,3D Systems 公司推出了第一台基于光固化立体成型的 3D 打印机。尽管体积庞大、价格昂贵,但它的问世标志着 3D 打印的商业化开始起步。与此同时,Stratasys 公司也在 Scott Crump 的带领下快速成长,于 1992 年推出了第一台熔融沉积成型的 3D 打印机。该公司于 1994 年上市,先后推出了面向不同行业的 3D 打印机。

2. 桌面级打印机

当下的 3D 打印机业界可以清晰地分为两类公司:一类是过去 30 年左右成立的,以生产价格在数万到数十万之间工业级为主的公司,另一类是从 2009 年开始崛起的桌面级打印公司,生产设备通常在几千美元左右,当然大多数工业级打印机生产公司也已经涉入桌面领域,推出多款桌面级打印机。

一般来说,桌面级打印机的精度都不太高。以颇受欢迎的桌面级 3D 打印机 MakerBot Replicator2 为例,精度仅为 0.1mm。为了突破这一限制,2011 年麻省理工学院成立了 Fromlabs 公司,该公司推出了 Form1 打印机,其最高分辨率可以达到 0.025mm,意味着它已经达到了工业级别的精度。在 Form1 基础上改进的 Form1 3D 打印机集出色的设计、性能和可操作性于一体,带来了专业品质的 3D 打印,他们致力于向世界各地富有创意的设计师、工程师和艺术家提供先进和创新的生产工具。

领先的 3D 打印机制造商 EnvisionTEC 近日推出了最新的 3Dent™ SCP 3D 打印机,专门用来打印牙齿模,也是应用光固化立体成型技术。EnvisionTEC 公司于 2002 年成立于德国马尔,在董事会主席 Siblani 的带领下，EnvisionTEC 公司已经成长为快速成型和快速制造设备的世界性领导企业。

EnvisionTEC 公司拥有一个由光学、机械和电气工程方面专家组成的技术团队，他们成功开发了基于选择性光学控制成型这一核心技术的 DLP 快速成型系统，这是当今世界最可靠、最受欢迎的快速成型系统，使得 EnvisionTEC 的 Perfactory® 系列设备在全世界助听器定制领域成功占有 60% 以上的装机量，以及珠宝首饰市场 50% 以上的装机量。

EnvisionTEC 公司在特定领域提供完整的解决方案。在助听器定制领域，与 3Shape 公司的技术成功整合；在牙科和珠宝首饰领域，与 Dental Wings 的软件无缝衔接。还在 Perfactory® 系列设备的软件套装内配备了 Materialise 公司的 Magics 软件，给客户提供了 STL 文件修复与操控的最佳体验。

5.6 基于 DLP 技术的 3D 打印机

DLP 是 Digital Light Processing 的缩写，即数字光处理技术，它利用一片数字微小反光镜阵列(Digital Micro Device，DMD)的光处理芯片，光线照射到 DMD 上，将计算机图像通过该芯片投射出来，该技术已广泛应用于投影机上。基于 DLP 技术的 3D 打印，利用投影图像，对光敏树脂进行曝光固化成型。图 5-3 为 DLP 投影示意图。高亮度的光源通过透镜后照射在 DMD 芯片上，DMD 由很多铝制微小反光镜组成，对紫外光的反射性能好，控制灵敏，而且紫外光对铝制镜片没有损伤，在图像控制器的控制下，把需要投射出的图像反射到投影镜头中,把不需要的部分反射到其他地方,图像显示在屏幕上。3D打印就是利用了这一原理。如图5-4所示为一下置式投影3D打印机原理图。所谓下置式指投影机放置在树脂槽的下方。在打印前,将光敏树脂倒入树脂槽中,树脂槽的底部为透明的玻璃板,树脂槽很浅,

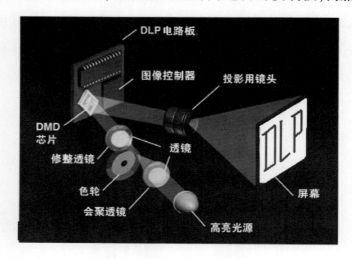

图5-3　DLP投影示意图

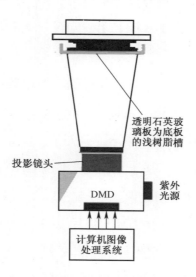

图5-4　下置式投影3D打印机原理

只需要少量树脂就可进行打印工作,底板与玻璃板之间充满了树脂,两者间的空隙为分层的厚度。打印开始后,在计算机控制下,分层的图像透过玻璃被投影到树脂槽里的底板上,树脂在底板上固化后,底板上升一段距离(与分层厚度相等),树脂再次填充在两者之间,等待下一层固化。将 DMD 投影技术应用到快速成型领域,具有很大的发展潜力。

5.7 光固化成型技术应用前景

1. 光固化快速成型的主要应用领域

目前,光固化成型技术的主要应用领域为:

(1) 传统制造领域,主要体现在各种模型制品,例如各种工业磨具、玩具模型,以及一些高精密仪器产品;

(2) 对产品外形的有效评估,我们可以对航天、汽车、高端体育产品、家庭产品、表面要求较高的艺术品等进行评估;

(3) 科学研究,特定粒子模型的制作等;

(4) 多维模型中的流体、大型机器、宏大建筑等;

(5) 艺术领域,特定技术产品的准确实物转化,例如摄影等;

(6) 医疗领域、研究性人类器官骨骼仿制品以及人造器官等;

(7) 珠宝首饰树脂蜡的 3D 打印等。

2. 光固化成型技术的误差

光固化立体成型工艺中影响原型精度的因素有很多,主要分为三大类:数据处理产生的误差、成型过程产生的误差以及受 DMD 芯片分辨率和树脂材料的影响产生的误差。

（1）数据处理产生的误差：CAD 模型表面离散化的误差、切片分层误差。

（2）成型过程产生的误差：升降工作台 Z 方向运动误差；扫描误差；涂层误差；工件的收缩变形产生的误差。

（3）受 DMD 芯片的分辨率和树脂材料的影响，产生的固化成型误差。

此外，在光固化成型过程中，树脂材料吸收光能后发生光敏反应，树脂材料发生收缩，会导致零件产生变形。光固化零件的固化变形是绝对的，其零件变形较大已成为当前制约快速成型技术发展的一个最主要的因素。国内外许多学者为此做了很多工作：吴懋亮等人研究发现零件的变形与受力情况有关，采用二次曝光工艺，使得零件部分收缩能自由释放，以达到改善零件变形的目的；庞正智等人用漫射式偏振光弹仪测定了光固化涂层与基材的相对内应力；Wiedemann 研究了已固化树脂和未固化树脂的相互作用对形变的影响；Karalekas 对树脂的收缩特性及翘曲变形机理进行了理论研究；为模拟零件变形的过程，Bugeda 使用有限元方法分析线收缩对形变的影响；Narahara 等通过大量实验研究证明温度变化是零件变形的主要原因。上述研究方法大多都是针对扫描式固化方式的变形机理进行的研究。

目前国内很少有文献从理论上分析面曝光过程的零件变形的影响因素，有文献指出每个固化层树脂都要经过从液态到固态的相变过程，分子距离从范德华距离转变成共价键距离，距离变小，引起固化收缩变形，并在收缩过程中释放大量的能量。西安理工大学的于殿泓对面曝光固化成型的固化层进行了力学分析。针对固化物翘曲严重的问题,采用二次曝光工艺减少收缩变形,提高了成型质量。他认为树脂的固化过程与复合材料杆的层间温度应力问题是类似的,即树脂固化层的线收缩是仅由温度引起的线应变,由此对树脂固化层的线收缩率进行公式推导,得出线收缩率的大小是树脂热膨胀系数与温度差的乘积的结论。西安工程大学的宫静研究了面曝光固化过程中的变形问题,并进行了仿真模拟。

3. 光固化成型技术的前景

光固化快速成型制造技术自问世以来在快速制造领域发挥了巨大作用,已成为工程界关注的焦点。光固化原型的制作精度和成型材料的性能成本,一直是该技术领域研究的热点。目前,很多研究者通过对成型参数、成型方式、材料固化等方面的研究分析各种影响成型精度的因素,提出了很多提高光固化原型的制作精度的方法,如扫描线重叠区域固化工艺、改进的二次曝光法、研究开发用 CAD 原始数据直接切片法、在制件加工之前对工艺参数进行优化等,这些工艺方法都可以减小零件的变形、降低残余应力,提高原型的制作精度。此外,SLA 所用的材料为液态光敏树脂,其性能的好坏直接影响到成型零件的强度、韧性等重要指标,进而影响到 SLA 技术的应用前景。所以近年来在提高成型材料的性能、降低成本方面也做了很多的研究,提出了很多有效的工艺方法,如将改性后的纳米 SiO_2 分散到自由基—阳离子混杂型的光敏树脂中,可以使光敏树脂的临界曝光量增大而投射深度变小,其成型件的耐热性、硬度和弯曲强度有明显的提高;又如在树脂基中加入 SiC 晶须,可以提高其韧性和可靠性;开发新型的可见光固化树脂,这种新型树脂使用可见光便可固化且固化速度快,对人体危害小,提高生产效率的同时大幅度地降低了成本。

光固化快速成型技术发展到今天已经比较成熟,各种新的成型工艺不断涌现。下面从微光固化快速成型制造技术和生物医学两方面展望SLA技术。

1) 微光固化快速成型制造技术

目前,传统的SLA设备成型精度为±0.1mm,能够较好地满足一般的工程需求。但是在微电子和生物工程等领域,一般要求制件具有微米级或亚微米级的细微结构,而传统的SLA工艺技术已无法满足这一领域的需求。尤其在近年来,微电子机械系统和微电子领域的快速发展,使得微机械结构的制造成为具有极大研究价值和经济价值的热点。微光固化快速成型(Micro Stereolithography,μ-SL)技术便是在传统的SLA技术方法基础上,面向微机械结构制造需求而提出的一种新型的快速成型技术。该技术早在20世纪80年代就已经被提出,经过将近20多年的努力研究,已经得到了一定的应用。目前提出并实现的μ-SL技术主要包括基于单光子吸收效应的μ-SL技术和基于双光子吸收效应的μ-SL技术,可将传统的SLA技术成型精度提高到亚微米级,开拓了快速成型技术在微机械制造方面的应用。但是,绝大多数的μ-SL制造技术成本相当高,因此多数还处于试验室阶段,离实现大规模工业化生产还有一定的距离。因而今后该领域的研究方向为:开发低成本生产技术,降低设备的成本;开发新型的树脂材料;进一步提高光成型技术的精度;建立μ-SL数学模型和物理模型,为解决工程中的实际问题提供理论依据;实现μ-SL与其他领域的结合,例如生物工程领域等。

图5-5为加州大学洛杉矶分校的C. Sun等人利用DMD作为图

形发生器,固化成型高分辨率微小3D件。实验证明,此系统能生成很多其他的微固化系统所不能实现的细节。

图5-5 光固化成型的微小复杂结构件

2) 生物医学领域

光固化快速成型技术为不能制作或难以用传统方法制作的人体器官模型提供了一种新的方法,基于CT图像的光固化成型技术是应用于假体制作、复杂外科手术的规划、口腔颌面修复的有效方法。目前在生命科学研究的前沿领域出现的一门新的交叉学科——组织工程,它是光固化成型技术非常有前景的一个应用领域。基于SLA技术可以制作具有生物活性的人工骨支架,该支架具有很好的力学性能和与细胞的生物相容性,且有利于成骨细胞的粘附和生长。

参 考 文 献

[1] The Economist. A third industrial revolution. (2012 - 04 - 21) [2015 - 10 - 20]. www. economist. com/node/21552901.

[2] Yoshiaki. A novel microchip for capillary with acrylic micro channel fabricated on photo sensorarray. Sensors and Actuators B,2002,81(4):202 - 209.

[3] 刘伟军,赵吉宾,卞宏友,等. 快速成型技术及应用. 北京:机械工业出版社,2005.

[4] 翟媛萍,章维一,侯丽雅. 一种用于快速成型工艺的红光光敏树脂的性能研究. 高分子学报,2003(6):883 - 885.

[5] 吴幼军,褚衡,邮华兴. 激光光固化快速成型用光敏树脂的研制. 塑料科技,2003(3):7 - 11.

[6] 陈绪兵,莫健华,叶献方,等. CAD 模型的直接切片在快速成型系统中的应用. 中国机械工程,2011(10):1098 - 1100.

[7] 周满元,习俊通,严隽琪. 基于 STEP 的非均匀自适应分层方法. 计算机集成制造系统 CIMS,2004,10(2):235 - 239.

[8] 朱林泉,白培康,朱江淼. 快速成型与快速制造技术. 北京:国防工业出版社,2003.

[9] 赵吉宾. 紫外光固化快速成型中的工艺规划方法研究. 沈阳:中国科学院沈阳自动化研究所,2004.

[10] 王广春,赵国群. 快速成型与快速模具制造技术及其应用. 北京:机械工业出版社,2003.

[11] 黄晓明,等. 光固化立体成型技术及其最新发展,机电工程技术,2001,30(5):1009 - 9492.

[12] John A. Progress in Organie Coating. Organic coatings,1993,22:236 - 237.

[13] Kaufhllan T. InternationalUV/EB Proeeeding Conefreneeand Exhibition. Chieago:RadTechInternationalNorthAmeriea,1998.

[14] Masakazu Hirose, Jianhui Zhon, Fumiyuki Kadowaki. ColloidsandSurafees (A),1999,(153):481.

[15] 杨小毛,杨建文,等. 光固化氨酯改性丙烯酸系水性涂料. 功能高分子学报,1999,12(3):285.

[16] Todd Grimm. New Technology Added to Machine Line – UP. Time – compression Technologies,2000,23(5):30-39.

[17] 宾鸿赞,杨明. 生长型制造技术—制造技术的新突破. 中国机械工程,1993,4(6):22-24.

第6章 SLM 打印技术

选区激光熔化(SLM)技术和选区激光烧结(SLS)技术是快速成型(RP)技术的重要组成部分。它是近年来发展起来的快速制造技术,相对其他快速成型技术而言 SLM 技术更高效、更便捷,开发前景更广阔,它可以利用单一金属或混合金属粉末直接制造出具有冶金结合、致密性接近 100%、具有较高尺寸精度和较好表面粗糙度的金属零件。SLM 技术综合运用了新材料、激光技术、计算机技术等前沿技术,受到国内外的高度重视,成为新时代极具发展潜力的高新技术。如果这一技术取得重大突破,将会带动制造业的跨越式发展。

6.1 SLM 基本原理

6.1.1 SLM 原理与特点

选区激光熔化(SLM)成型技术的工作原理与选区激光烧结(SLS)类似。其主要的不同在于粉末的结合方式不同,不同于 SLS 通过低熔点金属或黏结剂的熔化把高熔点的金属粉末或非金属粉末粘结在一起的液相烧结方式,SLM 技术是将金属粉末完全熔化,因此其要求的激光功率密度要明显高于SLS。

为了保证金属粉末材料的快速熔化,SLM技术需要高功率密度激光器,光斑聚焦到几十微米。SLM技术目前都选用光束模式优良的光纤激光器,激光功率从50W到400W,功率密度达$5×10^6 W/cm^2$以上。图6-1为SLM技术成型过程获得三维金属零件效果图。

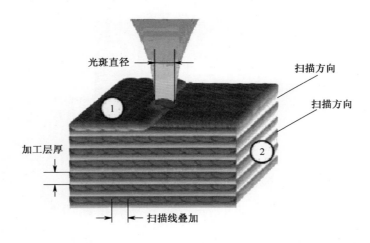

图6-1 SLM技术

选区激光熔化(SLM)的原理示意图如图6-2所示。首先,通过专用的软件对零件的CAD三维模型进行切片分层,将模型离散成二维截面图形,并规划扫描路径,得到各截面的激光扫描信息。在扫描前,先通过刮板将送粉升降器中的粉末均匀地平铺到激光加工区,随后计算机将根据之前所得到的激光扫描信息,通过扫描振镜控制激光束选择性地熔化金属粉末,得到与当前二维切片图形一样的实体。然后成型区的升降器下降一个层厚,重复上述过程,逐层堆积成与模型相同的三维实体。

SLM的优势具有以下几个方面:

(1)直接由三维设计模型驱动制成终端金属产品,省掉中间过

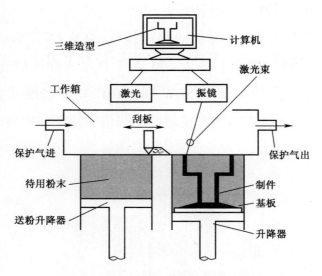

图 6-2 SLM 原理示意图

渡环节,节约了开模制模的时间;

(2) 激光聚焦后具有细小的光斑,容易获得高功率密度,可加工出具有较高尺寸精度(达 0.1mm)及良好表面粗糙度(Ra 为 30~50μm)的金属零件;

(3) 成型零件具有冶金结合的组织特性,相对密度能达到近乎 100%,力学性能可与铸锻件相比;

(4) SLM 适合成型各种复杂形状的工件,如内部有复杂内腔结构、医学领域具有个性化需求的零件,这些零件采用传统方法无法制造出。

6.1.2 SLM 成型高质量金属零件关键点

由于成型材料为高熔点金属材料,易发生热变形,且成型过程伴随飞溅、球化现象,因此,SLM 成型过程工艺控制较困难,SLM 成型过

程需要解决的关键技术主要包括以下几个方面:

1. 材料

SLM技术应用中材料选择是关键。虽然理论上可将任何可焊接材料通过SLM方式进行熔化成型,但实际发现其对粉末的成分、形态、粒度等要求严格。研究发现合金材料(不锈钢、钛合金、镍合金等)比纯金属材料更容易成型,主要是因为材料中的合金元素增加了熔池的润湿性,或者抗氧化性,特别是成分中的含氧量对SLM成型过程影响很大。球形粉末比不规则粉末更容易成型,因为球形粉末流动性好,容易铺粉。

2. 具备良好光束质量的激光光源

良好的光束质量意味着可获得细微聚焦光斑,细微的聚焦光斑对提高成型精度十分重要。由于采用细微的聚焦光斑,成型过程采用50~200W激光功率即可实现几乎所有金属材料的熔化成型,并且可有效减小扫描过程的热影响区,避免大的热变形;细小的聚焦光斑也是能成型精细结构零件的前提。

3. 精密铺粉装置

在SLM成型过程中,需保证当前层与上一层之间、同一层相邻熔道之间具有完全冶金结合。成型过程会发生飞溅、球化等缺陷,一些飞溅颗粒夹杂在熔池中,使成型件表面粗糙,而且一般飞溅颗粒较大,在铺粉过程中,飞溅颗粒直径大于铺粉层厚,导致铺粉装置与成型表面碰撞。碰撞问题是SLM成型过程中经常遇到的不稳定因素。因此,不同于SLS技术,SLM技术需用到特殊设计的铺粉装置,如柔性铺粉系统、特殊结构刮板等。SLM工艺对铺粉质量的要求是:铺粉后粉床平整、紧实,且尽量薄。

4. 气体保护系统

由于金属材料在高温下极易与空气中的氧发生反应,氧化物对成型质量具有非常大的消极影响,使得材料润湿性大大下降,阻碍了层与层之间、熔道之间的冶金结合能力。SLM 成型过程须在具有足够低的含氧量保护气氛围中进行,根据成型材料的不同,保护气可以是氩气或成本较低的氮气。SLM 成型过程涉及几个自由度轴或电机的协调运动,特别是铺粉装置采用传送带方式带动,导致成型室内密封性有一定的难度。

5. 合适的成型工艺

如上所述,SLM 成型过程中经常会发生飞溅、球化、热变形等现象,这些现象会引起成型过程不稳定、成型组织不致密、成型精度难以保证等问题。合适的成型工艺对实现金属零件 SLM 直接快速成型十分重要,特别是激光功率与扫描速度的比值,决定了材料是否熔化充分。能量输入大小决定了粉末的成型状态,包括气化、过熔、熔化、烧结等,只有获得优化的能量输入条件,配合合理的扫描间距与扫描策略,才能获得高质量的 SLM 成型件。

6.1.3 影响 SLM 成型质量的因素

国外研究工作者总结发现,影响 SLM 成型效果的影响因素达到 130 个之多,而其中有 13 个因素起决定作用。作者根据自身经验,将影响 SLM 成型质量的因素分为 6 大类,包括:材料(成分、松装密度、形状、粒度分布、流动性等)、激光与光路系统(激光模式、波长、功率、光斑直径、光路稳定性)、扫描特征(扫描速度、扫描方法、层厚、扫描线间距等)、环境因素(氧含量、预热温度湿度)、几何特性(支撑添加、几何特征、空间摆放等),机械因素(粉末铺展平整性、成型缸运动精度、铺粉装置的稳定性等)。考察 SLM 成型件的指标,主要包括致密度、尺寸精度、表面粗糙度、零件内部残余应力、强度与硬度 6 个,其他特殊应用的零件需根据行业要求进行相关指标检测。图 6-3 中列出 SLM 成型过程的主要缺陷(球化、翘曲变形、裂纹)、微观组织特征和目前 SLM 技术所面临的最大挑战:成型效率、可重复性、可靠性(设备稳定性),这三个挑战也是 RM 行业其他快速直接制造方法所面临的最大挑战。在上述影响 SLM 成型质量的因素中,有些不需要再进行深入研究,因为它们在所有的快速成型工艺中具有同样的影响,如扫描线间距和铺粉装置的稳定性。然而,另外一些变量需要根据材料不

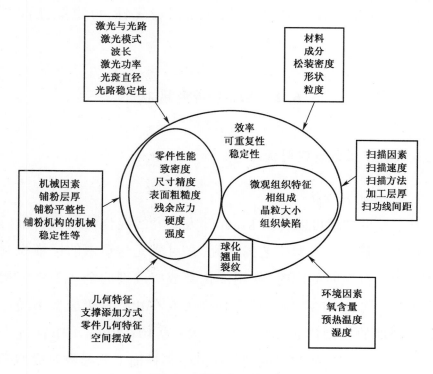

图 6-3 影响 SLM 的因素

同而作出调整,在没有相关研究经验存在的情况下,需要从实验上去推断这些影响因素对 SLM 方法直接成型金属质量的影响。本书根据前期的加工经验总结了试验过程中一些细节因素对成型质量的影响也非常大,具体包括如下几个方面:

(1) 铺粉装置的设计原理、铺粉速度、铺粉装置下沿与粉床上表面之间的距离、铺粉装置与基板的水平度;

(2) 粉末加工次数、粉末是否烘干及粉末氧化程度;

(3) 加工零件的尺寸(包括 X,Y,Z 三个方向)、立体摆放方式、最大横截面积、成型零件与铺粉装置中压板或柔性齿的接触长度。

在成型的过程中,这些细节因素如果控制不好,成型的零件质量降低,甚至成型过程中需要停机,实验的稳定性、可重复性得不到保证。

6.2 SLM 研究现状

6.2.1 SLM 工艺研究现状

1. 国外研究现状

从公开的文献可以看到 Kruth 等人研究的混合粉末(Fe,Ni),经过对该混合粉末的成型工艺的研究,在对激光与粉末的层堆积制造凝固现象进行说明的同时,使用优化参数所成型的金属零件的相对致密度最大可达 91%,最大抗弯强度为 630MPa,直接成型不经过任何后续处理的成型件表面粗糙度达 Ra 为 10~30μm。Thijs 等人对 TiAl6V4 材料成型,研究了成型扫描策略和扫描工艺参数对成型零件显微组织的影响,最终零件致密度优化达到 99.6%。

Rombouts 等人研究了单质化学元素,如氧、碳、硅、钛和铜对铁基材料成型质量的影响。这些化学元素影响了一些物理现象,比如激光吸收、热传导,熔化的润湿和撒布,氧化,对流等。

Osakada 等人用 SLM 制造的镍基合金、铁基合金和纯钛金属零件有限元模拟作为分析工具,模拟了单层粉末熔化过程中应力分布情况,对镍基模具、纯钛骨和牙冠成型,采用后处理改善性能。

Thijs,Lore 等人采用 KULeuven 开发的 PMA 设备(333WIPG 光纤),通过特殊工艺如短扫描线、高温梯度、局部扫描策略等方式获取了不同 Ti6Al4V 的特殊微观结构。Buchbinder 等人针对 SLM 成型效率低的问题,研究了如何提高铝合金 AlSi10Mg 的成型效率,发现通过 1kW 激光器扫描时,致密度可以达到 99.5%,成型效率由原来的 5mm^3/s 提高到了大约 21mm^3/s。同时硬度值为 145HV,强度大约为 400MPa,可以为轻量化结构提供足够的强度。

Bertrand 研究了 SLM/SLS 方法成型纯氧化钇、氧化锆陶瓷,分析了陶瓷粉末材料的物性以及成型工艺参数与扫描策略对成型质量的影响。

此外研究人员针对多种材料的送粉方式、不同组元材料之间的结合特性进行了初步研究,期望获得可控梯度材料。如图 6-4 所示,对多种材料复合研究的关键是如何保证多种组元材料粉末准确地预置到指定位置。目前通过 SLM 方法成型梯度材料的研究还停留在简单的分层或者分区方法上,并不能够获得复杂或任意分布复合梯度零件。

2. 国内研究现状

国内的华南理工大学、南京航空航天大学、华中科技大学等前期

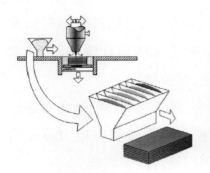

图 6-4 多组分材料 SLM 成型梯度材料

(a)X 方向上多组分材料送料装置;(b)多组分材料成型效果。

在材料工艺方面进行了研究。华南理工大学对铁基合金、铜基合金、镍基合金以及钛合金等材料成型的致密度和力学性能进行了拓展研究,目前典型材料包括 316L 不锈钢,Co212,Ti6Al4V,铜基粉末。在工艺上,通过工艺参数调控以及闭环反馈等提高成型质量等。同时针对激光选区熔化成型中常出现的不完全熔化、球化、翘曲变形三种现象进行成因分析及改善方法。通过进行一系列的工艺实验,进一步探讨成型工艺,最终提出适合于激光选区熔化成型的工艺方案,即:采用具有细微聚焦光斑的中低功率激光束,以合适的扫描策略、合适的扫描工艺参数,熔化选区内的金属粉末,可以直接制造高致密性金属功能件。此外南京航空航天大学顾冬冬也对多组分 Cu 基合金粉末(Cu-Cu10Sn-Cu8.4P)的关键工艺和基础理论以及亚微米 WC-Co 颗粒增强 Cu 基块体复合材料的成型工艺、冶金机制及基础理论进行了研究。

6.2.2 SLM 设备研究现状

在国外,"第三次工业革命"的潮流兴起,SLM 技术正成为研究的热点,德国、法国、日本等国家在这方面研究起步较早,技术较成熟。目前国外 SLM 设备生产商扎堆在德国。其中第一台 SLM 设备由德国 Fockele and Schwarze(F&S)与德国弗朗霍夫研究所(Fraunhofer, ILT)合作研发的,主要使用不锈钢粉末材料。2004 年,F&S 与原 MCP(现为 MTT 公司)一起发布了第一台商业化选区激光熔化设备 MCP Realizer250,后来升级为 SLM Realizer250,在 2005 年,高精度 SLM Realizer100 研发成功。自从 MCP 发布了 SLM Realizer 设备后,其他设备制造商(Trumph,EOS 和 Concept Laser)也以不同名称发布了他们的设备,如直接金属烧结(DMLS)和激光熔融(LC),SLM 作为这些工艺的泛称。Concept Laser 公司 2001 年后发布了 M3 Linear 以及 M1 Cusing,2010 年用于加工活性铝合金、钛合金材料的 M2 Cusing 系统面世。2003 年,EOS 发布了 DMLS EOSINT M270,也是目前金属成型最常见的装机机型,2011 年 EOSINT M280 开始销售。2008 年,3D Systems 与 MTT 在北美合作销售 SLM 设备。在 2008 年 9 月,MTT 发布了他们的新版设备 SLM250 和 SLM125。2010 年 MTT 公司部分被英国 Renishaw 收购,推出了 AM250,AM125 两款改良机器。MTT 在德国的部分又分出 SLM Solutions 和 Realizer GmbH 公司。同时法国 Phenix(F)公司也以 Laser Sintering 工艺(实际上也是 SLM)推出 PXL,PXM,PXS 三款设备,目前该公司已经被 3D System 收购。日本松浦机械(MATSUURA)也于 2010 年推出了金属光造型复合加工机 LUMEX Avance – 25,该机也整合了 SLM 工艺与刀削加工工艺。

  国内商品化的 SLM 设备尚未推出,目前主要以华南理工大学与华中科技大学研究为主。华南理工大学先后自主研发了 Dimetal – 240(2004 年),Dimetal – 280(2007 年),Dimetal – 100(2012 年)三款设备,其中 Dimetal-100 已经预商业化,在设备研发方面处在国内领先。表 6-1 为目前国内外几种 SLM 设备参数。

表 6-1 几种 SLM 设备参数对比

公司	设备	激光器	成型范围/(mm×mm×mm)	光斑直径/μm
EOS	EOSING M280	200W fiber laser	250×250×325	100~500
SLM solutions	SLM 100HL	100W fiber laser	100×100×125	30~50
	SLM 250HL	100W fiber laser	250×250×240	50~100
	SLM 280HL	200W fiber laser	280×280×350	70~200
	SLM 500HL	400+1000fiber laser	500×280×325	70~500
Renishaw	AM250	200W fiber laser	250×250×300	70~200
	Mlab Cusing	500W fiber laser	120×120×120	30~50
	M2 Cusing	200W fiber laser	250×250×280	50~200
Concept Laser	M3 Cusing	200W fiber laser	300×350×300	70~300
	X line 1000R	1000W fiber laser	630×400×500	100~500
华南理工大学	Dimetal-280	200W fiber laser	280×280×325	70~150
	Dimetal-100	200W fiber laser	100×100×125	70~150

6.2.3 SLM 材料研究现状

材料研究是选区激光熔化(SLM)技术/直接金属激光烧结(DMLS)技术最重要和关键技术之一,包括研究材料成分控制、激光与不同材料的作用机理、材料加热熔化与冷却凝固动态过程、微观组织的演变(包括孔隙率和相转变)、熔池内因表面张力影响造成的流动和材料间的化学反应等。

商品化的 SLM/DMLS 用金属粉末主要包括青铜基金属、不锈钢、工具钢、Co-Cr 系列、Ti 系列、铝合金、镍合金等金属粉末。根据国外多家商品化设备公司已公开的信息,目前在市场上应用最多的是奥氏体不锈钢、工具钢、Co-Cr 合金和 Ti6Al4V 等粉末。上述材料通过

SLM/DMLS 成型,获得的致密度近乎 100%,力学性能可与铸锻件相比。

目前科研型材料主要包括激光烧结陶瓷材料、梯度材料等。Bertrand 研究了 SLM/SLS 方法成型纯氧化钇、氧化锆陶瓷,分析了陶瓷粉末物性、成型工艺参数与扫描策略对成型质量的影响。

6.3 SLM 技术的应用

SLM 作为一种精密金属增材制造技术,目前的研究仍集中在复杂几何形体的设计以及个性化、定制化制造,如航空部件、刀具模具、珠宝首饰及个性化医学生物植入体制造、机械免组装件等方面,在这些方面其具有独特的优势。

6.3.1 多孔功能件

多孔结构可用来做超轻航空件、热交换器、骨植入体等。Basalah,Ahmad 等人也研究了 SLM 成型钛合金的微观多孔结构,孔隙率在 31%～43%,与皮质骨空隙率相当,抗压强度在 56～509MPa,并且结构收缩率较低,仅为 1.5%～5%,适合用作骨植入体。Yadroitsev I 采用 PHENIX PM－100 成型设备,以 904L 不锈钢为材料,采用 50W 的光纤激光器,成型了系列薄壁零件,壁厚最小为 140μm;并以 316L 不锈钢为材料,成型了具有空间结构的微小网格零件。Reinhart,Gunther 等人研究指出增材制造借助其高度几何自由的优势为轻量化功能件制造提供了有利手段。在研究中采用周期性的多孔结构与拓扑优化结构,两者性能同样良好,但是多孔结构刚度降低,并通过扭矩加载实验得到验证。

为了获得预设计的多孔结构成型效果,国内研究人员在优化成型工艺基础上,须逐步解决实体零件成型的极限成型角度、SLM 成型的几何特征最小尺寸、设计适合于 SLM 工艺的单元孔和多孔结构成型等问题。

6.3.2 牙科产品

在牙科领域,3TRPD 公司采用 3T Frameworks(3TRPD,Berkshire)生产商业化的牙冠牙桥。系统采用 3M Lava Scan ST 设计系统(3M EPSE,UK)和 EOS M270(EOS GmbH)来提供服务,周期仅为三天。Bibb 等人报告成型可摘除局部义齿(RPD),这表明从病人获取扫描数据后自动制造 RPD 局部义齿是可行的,但是尚未商业化。国内如进达义齿等相关企业已经购置德国设备用于商业化牙冠牙桥直接制造,1 台设备即可替代月产万颗人工生产线。国内在前期研究中也针对患者每一个牙齿反求模型,然后通过 SLM 技术直接制造个性化牙冠、牙桥、舌侧正畸托槽。图 6-5 为使用 3D Systems 公司金属 3D 打

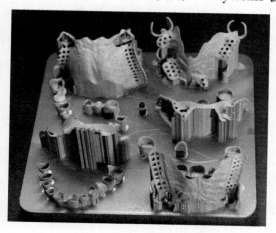

图 6-5　3D 金属牙科产品

印机生产的牙科产品。

6.3.3 植入体

Kruth 以及 Vanderbrouke 研究了生物兼容性金属材料成型医疗器械的可能性(如植入体)。Ruffo 研究发现,SLM 制造植入体表面多孔可控,类似多孔的结构可以促进与骨的结合,并在 2008—2009 年的 1000 多例手术中,反馈效果极好。Tolochko 通过改变 SLM 的激光功率($60\sim100$W),制造梯度密度(全熔、烧结)的牙根植入体。在美国,SLM 制造 3 级医疗植入体已经符合 ISO13485 标准,这意味着对医疗器械的设计与制造需要一个综合管理系统。此外,Sercombe 等人研究显示在欧洲、澳大利亚、北美(美国除外)一些高风险医疗器械如钛合金、钴铬合金已经开始在人体上使用。国内市场植入体大多依据欧美白种人设计,对我国人民来说个体适配性差,华南理工大学与北京大学医学部正在探索国人个性化植入体金属 SLM 直接制造。此外国内一些医疗器械企业也开始研究并主导个性化植入体直接制造产业化工作。

6.4 SLM 技术发展展望

6.4.1 网状拓扑结构轻量化设计制造

选区激光熔化成型技术的发展使得网状拓扑结构轻量化设计与制造成为现实。连接结构的复杂程度不再受制造工艺的束缚,可设计成满足强度、刚度要求的规则网状拓扑结构,以此实现结构减重。图 6-6 为 EADS 为 A380 门支架(Door bracket)的优化结构,采用网状拓扑优化后在保持原有强度的基础上实现40%减重。除此之外,采用选区激光熔化成型技术也可以实现海绵、骨头、珊瑚、蜂窝等仿生复杂网状强化拓扑结构的优化设计与制造,达到更显著的减重效果。

图6-6　A380门支架(Door bracket)的优化结构

6.4.2　三维点阵结构设计制造

与蜂窝夹层板这种典型的二维点阵结构相比,三维点阵结构可设计性更强,比刚度和比强度、吸能性能经过设计可以优于传统的二维蜂窝夹层结构,图6-7为三维点阵结构以及点阵夹层结构。受到制造手段的限制,传统制造方法难以实现三维点阵结构的高质量、高性能制造,而基于粉床铺粉的SLM技术较为适宜制造这类复杂的空间结构。制备不同材料、不同结构特征的空间点阵结构是目前SLM技术研究的热点之一。

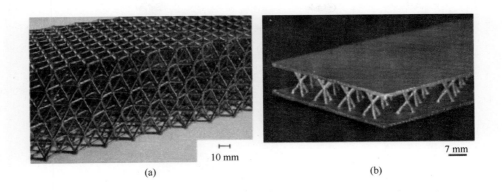

图 6-7 3D 打印复杂结构

(a)三维点阵结构;(b)点阵夹层结构。

6.4.3 陶瓷颗粒增强金属基复合材料-结构一体化制造

陶瓷颗粒增强金属基复合材料具有良好的综合性能。目前,制备方法有很多种,例如粉末冶金、铸造法、熔渗法和自蔓延高温合成法等。但是由于陶瓷增强颗粒与金属基体之间晶体结构、物理性质以及金属/陶瓷界面浸润性差异的影响,采用常规方法容易导致成型过程中增强颗粒局部团聚或界面裂纹。选区激光熔化制备过程中温度梯度大(7×10^6K/s),冷却凝固速度快,可使金属基体中颗粒增强项细化到纳米尺度且在金属基体内呈弥散分布,可以有效约束金属基体的热膨胀变形,克服界面裂纹。此外,选区激光熔化成型可以在材料制备的同时完成复杂结构的制造,实现材料—结构的一体化制造。

参 考 文 献

[1] 尹华,白培康,刘斌,等. 金属粉末选区激光熔化技术的研究现状及其发展趋势. 热加

工工艺,2010,01:140-144.

[2] 杨永强,吴伟辉,来克娴,等. 金属零件选区激光熔化直接快速成型工艺及最新进展. 航空制造技术,2006,02:73-76,97.

[3] 吴峥强. 金属零件选区激光熔化快速成型技术的现状及发展趋势. 热加工工艺,2008,13:118-121.

[4] 张冬云,王瑞泽,赵建哲,等. 激光直接制造金属零件技术的最新进展. 中国激光,2010,01:18-25.

[5] 王迪. 选区激光熔化成型不锈钢零件特性与工艺研究. 广州:华南理工大学,2011.

[6] 王迪,杨永强,黄延禄,等. 选区激光熔化直接成型零件工艺研究. 华南理工大学学报(自然科学版),2010,06:107-111.

[7] 吴伟辉,杨永强,王迪. 选区激光熔化成型过程的球化现象. 华南理工大学学报(自然科学版),2010,05:110-115.

[8] 吴伟辉,杨永强. 选区激光熔化快速成型系统的关键技术. 机械工程学报,2007,08:175-180.

[9] Kamran Aamir Mumta Z, Poonjiolai Erasenthiran, Neil Hopkinson. High density selective laser melting of Waspaloy. Journal of materials processing technology, 2008(195):77-87.

[10] Markus Lindemann, Daniel Graf. Process and device for producing a shaped body by selective laser melting. United States Patent, 2006:05-16.

[11] Kruth J P, Froyen L, Vaerenbergh V, et al. Selective laser melting of iron-based powder. Journal of Materials Processing Technology, 2004, 149(1-3):616-622.

[12] Kruth J P, Levy G, Klocke F, et al. Consolidation phenomena in laser and powder-bed based layered manufacturing. CIRP Annals - Manufacturing Technology, 2007, 56(2):730-759.

[13] Thijs L, Verhaeghe F, Craeghs T, et al. A study of the microstructural evolution during selective laser meltingof Ti-6Al-4V. Acta Materialia, 2010, 58:3303-3312.

[14] Rombouts, Kruth M, Froyen J P, et al. Fundamentals of selective laser melting of alloyed steel powders. CIRP Annals - Manufacturing Technology, 2006, 55(1):187-192.

[15] Osakada K, Masanori S. Flexible manufacturing of metallic products by selective laser

melting of powder. International Journal of Machine Tools and Manufacture, 2006,46(11): 1188-1193.

[16] Buchbinder D, Schleifenbaum H. b, Heidrich S. b, et al. High Power Selective Laser Melting (HP SLM) of Aluminum Parts. Physics Procedia, 2011,12: 271-278.

[17] Bertrand P H, Bayle F, Combe C, et al. Ceramic components manufacturing by selective laser sintering. Applied Surface Science,2007(254): 989-992.

[18] Beal V E, Erasenthiran P, Hophinson N, et al. Fabrication of x-graded H13 and Cu powder mix using high power pulsed Nd:YAG laser. Powder Technology, 2008,139:55-60.

[19] 宋长辉. 基于激光选区熔化技术的个性化植入体设计与直接制造研究. 广州:华南理工大学,2014.

[20] Wohlers T. Wohlers Report. State of the industry. Fort Collins: Wohlers Associates, 2009: 30-50.

[21] 吴伟辉,杨永强,何兴容,等. 金属质个性化手术模板的全数字化快速设计及制造. 光学精密工程,2010,05:1135-1143.

[22] Basalah A, Shanjani Y, Esmaeili S, et al, Characterizations of additive manufactured porous titanium implants. Journal of Biomedical Materials Research Part B: Applied Biomaterials, 2012,100B(7): 1970-1979.

[23] Yadroitsev I, Shishkovsky I, Bertrand P, et al, Manufacturing of fine-structured 3D porous filter elements by selective laser melting. Applied Surface Science, 2009, 255(10): 5523-5527.

[24] Reinhart G, Teufelhart S. Load-Adapted Design of Generative Manufactured Lattice Structures. Physics Procedia, 2011,12: 385-392.

[25] Sun J F, Yang Y Q, Wang D, et al. Parametric optimization of selective laser melting for forming Ti6Al4V samples by Taguchi method. Optics & Laser Technology, 2013, 49: 118-124.

[26] 何兴容,杨永强,吴伟辉,等. 选区激光熔化快速制造个性化不锈钢股骨植入体研究. 应用激光,2009,04:294-297.

[27] 3TRPD, [online] Available, (2015-01-7)[2015-7-21]. http://www.3trpd.com/

(January 7, 2015).

[28] Wang S, Yang Y, Kong W, et al. Research on 3D Reconstruction and Rapid Manufacturing of Data Dental Models. Journal of Dental Prevention and Treatment, 2010, 18(6):283-287.

[29] Kong W D, Wang S F, Wang D, et al. Preliminary study on direct manufacturing of customized lingual brackets by selective laser melting. Laser Technology, 2012, 36(3): 301-311.

[30] Kruth J P, Froyen F, Vandenbroucke B. Selective Laser Melting of Biocompatable Metals for Rapid Manufacturing of Medical Parts. Rapid Prototyping Journal, 13(4):196-203.

[31] Tolochko N K, Savich V V, Laoui T, et al. Dental root implants produced by the combined selective laser sintering/melting of titanium powders. Proceedings of the Institution of Mechanical Engineers. Part L: Journal of Materials Design and Applications, 2002. 216(4): 267-270.

[32] 董鹏, 陈济轮. 国外选区激光熔化成型技术在航空航天领域应用现状. 航天制造技术, 2014, 01:1-5.

第 7 章 3DP 技术

  20 世纪 90 年代初,液滴喷射技术受到从事快速成型工作的国内外人员的广泛关注,这种技术适用于三维打印快速成型,也就是现在所说的 3D Printing 法,又叫三维印刷。在 1992 年,美国麻省理工学院 Emanual Sachs 等人利用平面打印机喷墨的原理成功喷射出具有黏性的溶液,再根据三维打印的思想以粉末为打印材料,最终获得三维实体模型,这种工艺也就是三维印刷(3DP)工艺。1995 年,即将离校的学生 Jim Bredt 和 Tim Anderson 在喷墨打印机的原理上做了改进,他们没有把墨水挤压在纸上,而是采用把约束溶剂喷射到粉末所在的加工床上,基于以上的工作和研究成果,麻省理工学院创造了三维打印一词。1989 年,Emanual Sachs 申请了 3DP(Three – Dimensional Printing)专利,该专利是非成型材料微滴喷射成型范畴的核心专利之一。从 1997 年至今,美国 Z Corporation 公司推出了一系列三维打印机。这些打印机主要以粉末材料为打印耗材,例如淀粉、石膏还有一些复合材料等,在粉末上喷射黏结剂,层层叠加起来形成所需原型。随着三维技术的发展,三维成型零件的性能得到逐步的改善。Crau 等人研究打印出粉浆浇注的氧化铝陶瓷模具,与传统烧制而成的陶瓷模具相比,三维快速成型方法打印出来的强度更高,耗时短,而且还可以控制液粉浆的浇注速度。Yoo 等人将松散的氧化铝陶瓷粉末打印成一个模型，得到模型后通过一些其他的加工工艺提高了模型的致密度，采用三维打印快速成型法最后得到的陶瓷制品的性能与传统加工方法制得的相当，此模型的致密度为 50%~60%。Scosta 等人研究打印出以覆膜 Ti3SiC2 陶瓷粉末为打印材料的模型，为了提高其致密度，采用冷等静压工艺，再经烧结后制件致密度为 99%。上述的研究得到的结果大大地增强了三维模型的性能，与传统的方法相比，在有些方面更好。在打印材料和黏结剂上也有很多不同的研究。Lam 等人以淀粉基聚合物为原材料，用水作为黏结剂，打印出一个支架。Lee 等人打印出三维石膏模具，其孔隙均匀，连通性好。Griffith 等人以氯仿液为黏结剂，以 PLLA 和 PLGA 粉末为原材料，打印成型出肝脏组织工程的支架实体。1990 年，Evans 等人研究 ZrO，TiOL，氧化铝等陶瓷材料，最后将配置出均匀分布的纳米陶瓷粉末的悬浮液，用此为黏结剂，没有打印材料，最终打印出三维陶瓷零件。1992 年，Sachs 等人专研了直接喷射金属液滴成型工艺，获得可制造性的注塑模。1998 年，Teng 等人在陶瓷悬浮液的沉积理论和黏度的影响下做了细致的实验和分析，最后设计了打印结构装置得到了清晰的陶瓷图案。Mott 等人设计了一种按需落下喷射装置，最终打印出陶瓷坯体，这个胚体一共由 1200 层构成，还设计了方洞和悬臂的结构。2002 年，Moon 等人发现黏结剂的相对分子质量需小于15,000，以及黏结剂和材料对最后成型的模型参数的影响，使得三维打印模型的应用领域有了很大的扩展。1995 年，MicroFab 公司研究出 Jet Lab 成型系统，可应用于印制电路板，但是有一个问题是所用的材料必须是低熔点金属或者是聚合物。2000 年，美国加州大学 Orme M 等人所开发的设备样机可应用于电路板印制、电子封装等半导体工业。

这些研究学者通过深入研究液滴成型的原理和液滴的微观结构,最后针对不同的领域做出相应的设备。2000年,美国3D Systems公司研制出多个热喷头三维打印设备,该打印机的热塑性材料价格低廉,易于使用。以色列Objet Geometries公司推出了能够喷射第二种材料的Objet Quadra三维打印快速成型设备。

国内学者也很关注基于射流技术三维打印快速成型技术,并在一些研究方向上已经形成了自己的特色。中国科技大学自行研制八喷头组合液滴喷射装置,有望在光电器件、材料科学以及微制造中得到应用。西安交通大学卢秉恒等人研制出一种基于压电喷射机理三维打印快速成型机喷头。清华大学颜永年等人提出一种以水作为成型材料,冰点较低的盐水作为支撑材料的低温冰型快速成型技术。华中理工大学马如震、刘进等人阐述了基于微小熔滴快速成型技术的加工工艺和成型方法。颜永年等人还以纳米晶羟基磷灰石胶原复合材料和复合骨生长因子作为成型原料,采用液滴喷射成型的方式制造出多孔结构、非均质的细胞载体支架结构。天津大学陈松等人将液滴喷射技术应用到化工造粒过程,对射流断裂形成均匀液滴的频率范围、流速及材料特性、振动方向、喷头形状等因素影响进行探讨。北京印刷学院2010年购入两台Object Eden 260V 3D打印系统,2011年又再次购入一台Z Corporation Spertrum Z510。至此,北京印刷学院在三维打印研究领域已涉及三维打印制版技术研究、三维印刷电子研究和三维生物印刷研究。印刷包装材料与技术重点实验室已开展"UV体系三维打印制版材料""三维打印的制版样机"研究等。

7.1 基本原理及成型流程

7.1.1 基本原理

3DP成型技术是一种基于喷射技术,从喷嘴喷射出液态微滴或连续的熔融材料束,按一定路径逐层堆积成型的RP技术。三维打印也称粉末材料选择性黏结,和SLS类似,这个技术的原料也是粉末状,不同是3DP不是将材料熔融,而是通过喷头喷出黏结剂将材料结合在一起。其工艺原理如图7-1所示。喷头在计算机的控制下,按照截面轮廓的信息,在铺好的一层粉末材料上,有选择性地喷射黏结剂,使部分粉末粘结,形成截面层。一层完成后,工作台下降一个层厚,铺粉,喷黏结剂,再进行后一层的粘结,如此循环形成三维制件。粘结得到的制件要置于加热炉中,作进一步的固化或烧结,以提高黏结强度。

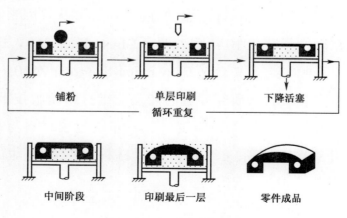

图7-1 3DP工艺原理图

7.1.2 成型流程

3DP 技术是一个多学科交叉的系统工程,涉及 CAD/CAM 技术、数据处理技术、材料技术、激光技术和计算机软件技术等,在快速成型技术中,首先要做的就是数据处理,从三维信息到二维信息的处理,这是非常重要的一个环节。成型件的质量高低与这一环节的方法及其精度有着非常紧密的关系。在数据处理的系统软件中,可以将分层软件看成三维打印机的核心。分层软件是 CAD 到 RP 的桥梁。其成型工艺过程包括模型设计、分层切片、数据准备、打印模型及后处理等步骤。在采用 3DP 设备制件前,必须对 CAD 模型进行数据处理。由 UG,Pro/E 等 CAD 软件生成 CAD 模型,并输出 STL 文件,必要时需采用专用软件对 STL 文件进行检查并修正错误。但此时生成的 STL 文件还不能直接用于三维打印,必须采用分层软件对其进行分层。层厚大,精度低,但成型时间快;相反,层厚小,精度高,但成型时间慢。分层后得到的只是原型一定高度的外形轮廓,此时还必须对其内部进行填充,最终得到三维打印数据文件。

3DP 具体工作过程如下:
(1) 采集粉末原料;
(2) 将粉末铺平到打印区域;
(3) 打印机喷头在模型横截面定位,喷黏结剂;
(4) 送粉活塞上升一层,实体模型下降一层以继续打印;
(5) 重复上述过程直至模型打印完毕;
(6) 去除多余粉末,固化模型,进行后处理操作。

7.2 关 键 技 术

从上述的 3DP 的工作原理可以知道,三维打印机仪器设备主要有以下几个部分:第一个部分是打印过程中三轴的运动控制,包括打印头在平面方向上的运动,即 X 轴和 Y 轴的运动,还有工作台在 Z 方向上的上下运动;第二部分是打印头的驱动控制,与成型原料黏结剂结合起来打印头的喷射;第三部分是粉末材料的机械结构设备,包括粉末回收功能,粉末喂料,铺粉装置和粉末的储存室;第四部分是成型室;最后还有计算机硬件与软件。

7.2.1 运动控制

送粉活塞和建造活塞用两个步进电机代替,在铺粉过程中,压平辊子用铺粉的装置代替,其三维电机的运动过程具体如下:X 轴运动一个来回中,喷头完成均匀喷墨第一层,X 轴继续运动到末端,打印区域 Z_1 轴电机下降一定高度,粉槽区域 Z_2 轴电机上升一定高度,X 轴运动回零点,此时刮粉挡板刮平一层厚度粉末,X 轴来回运动一个行程,确保刮粉平面层面光滑,完成第一层堆叠;X 轴继续再运动一次,打印头完成第二层的喷射过程,X 轴继续运动到末端,打印区域 Z_1 轴电机下降一定高度,粉槽区域 Z_2 轴电机上升一定高度,X 轴运动回零点,此时刮粉挡板刮平一层厚度粉末,X 轴来回再运动一个过程,确保刮粉平面层面光滑,结束第二层堆叠。如此来回运动,逐层完成叠加,最终得到实体模型。

7.2.2 胶水的喷射方式

按胶水的喷射方式3DP主要分成连续喷射和按需落下喷射两大类。按需落下喷射模式既节约成本又有高的可靠性，现在的3DP设备都使用这种模式。按需落下喷射模式有微压电(Piezoelectric)和热气泡(Thermal Bubble)两种方法形成液滴。两种方法都需要克服溶液表面张力，微压电是利用压电陶瓷在电压作用下变形的特性，使溶液腔内的溶液受到压力；热气泡是使在短时间内受热温度快速上升至300℃的胶水溶液汽化产生气泡。微压电式对产生的液滴有很强的控制效果，适合于高精度打印。喷射模式选择更多的是微压电式。喷射模式参数如表7-1所列。

表7-1 喷射模式参数

喷射性能	喷射类型		
	连续喷射模式	按需落下喷射模式	
		微压电式	热气泡式
黏度/(MPa·s)	1~10	5~30	1~3
最大液滴直径/mm	≈0.1	≈0.03	≈0.035
表面张力/($\times 10^{-5}$N/cm)	>40	>32	>35
速度/(m/s)	8~20	2.5~20	5~10
导电性/μΩ	>1000	—	—
溶液(Re)	80~200	2.5~120	58~350
溶液(Re)	87.6~1000	2.7~373	12~100

按照压电陶瓷的变形模式不同，压电喷墨头可以分为4种主要的类型(图7-2)：收缩管型(Squeeze Tube Mode)、弯曲型(Bend Mode)、推挤型(Push Mode)和剪力型(Shear Mode)。

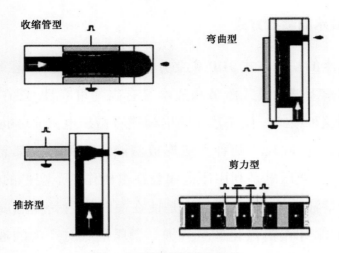

图 7-2 压电喷墨头的类型

压电式喷头的模型(图 7-3)主要组成为:喷墨通道,喷墨液箱,喷孔,压电片。

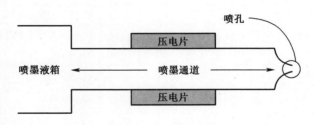

图 7-3 压电式喷头模型

它的工作原理很简单,电脉冲信号传入到压电传感器时,压电片收缩,对压力腔内的墨水产生一个压力,挤出喷嘴。这种喷头结构简单,可以用在小型化的仪器设备上,而且设备就可以使用多个这种喷头,实现彩色化,压电喷头在打印过程中产生的都是尺寸均匀的较小墨滴。

7.2.3 打印所需相关参数

打印所需相关参数有喷头到粉层距离、粉末层厚、喷射和扫描速度、每层成型时间。

1. 喷头到粉层距离的确定

此数值直接决定打印的成败,若距离过大则胶水液滴易飞散,无法准确到达粉层相应位置,降低打印精度;若距离过小则冲击粉层力度过大,使粉末飞溅,容易堵塞喷头,直接导致打印失败,而且影响喷头使用寿命。胶水液滴对粉层表面冲击的计算公式为

$$K = w_c^2 R_c^4$$

式中:K 为溅射系数;w_c 为韦伯数;R_c 为雷诺数。当 $K=K_C$ 时,液滴无法在介质表面产生溅射,表面越粗糙,K_C 值越小,液滴越容易产生溅射。液滴对粉末介质表面的冲击则更复杂,Agland 等人(1999 年)将液滴对粉末表面的冲击分为 5 种形式。液滴与粉末表面的作用结果主要取决于液滴的流体动力学特性和粉末表面的性能。实验研究表明:当 $w_c>1000$ 时,粉末在液滴的作用下会出现溅射/破碎,从而破坏粉末表面,无法精确成型所需截面,这在三维打印快速成型中是需要避免的;当 $w_c<300$ 时,粉末在液滴的作用下会主要表现为沉入,液滴对粉末表面的冲击可以类似于液滴对多孔介质表面的冲击。

2. 粉末层厚的确定

每层粉末的厚度等于工作平面下降一层的高度,即层厚。在工作台上铺粉末的厚度应等于层厚。当要求较高的表面精度或产品强度时,层厚应取较小值。胶水溶液饱和度限制了能满足制件精度和强度的最大厚度,其最大厚度小于用激光烧结粉末的 SLS。在三维打

印快速成型中,黏接剂与粉末空隙体积之比,即饱和度,对打印产品的力学性能影响很大。饱和度的增加在一定范围内可以明显提高制件的密度和强度,但是饱和度大到超过合理范围时打印过程变形量会增加,高于所能承受范围,使层面产生翘曲变形,甚至无法成型。饱和度与粉末厚度成反比,厚度越小,层与层黏结强度越高,产品强度越高,但是会导致打印效率下降,成型的总时间成倍增加。

3. 喷射与扫描速度的确定

对于 3DP 技术来说喷射与扫描速度只影响成型时间不会影响产品质量,所以只需要考虑运行速度,采用单向扫描即可。

4. 每层成型时间

三维打印黏结快速成型的过程为:在工作平面均匀铺粉末,辊子运动压平粉末,喷头喷射胶水溶液扫描,固化成型,喷头返回初始位置,Z 轴下降一层开始下一层打印。系统完成各个步骤所需时间之和就是每层成型时间。每层任何环节需要时间的增加都会直接导致成倍增加产品整体的成型时间。所以缩短整体成型时间必须有效地控制每层成型时间,控制打印各环节。减少喷射扫描时间需要提高扫描速度,但这样会使喷头运动开始和停止瞬间产生较大惯性,引起胶水喷射位置误差,影响成型精度。由于提高喷射扫描速度会影响成型的精度,且喷射扫描时间只占每层成型时间的 1/3 左右,而铺撒粉末时间和辊子压平粉末时间之和约占每层成型时间的一半,缩短每层成型时间可以通过提高粉末铺撒速度实现。然而过高的辊子平动速度不利于产生平整的粉末层面,而且会使有微小翘曲的截面整体移动,甚至使已成型的截面层整体破坏,因此,通过提高辊子的移动速度来减少粉末铺覆时间存在很大的限制。综合上述因素,每层成型速度的提高需要加大辊子的运动速度,并有效提高铺撒粉末的均匀性和系统回零等辅助运动速度。

7.3 成型特点

SLA,SLS等快速成型设备以激光作为能源,但激光系统(包括激光器、冷却器、电源和外光路)的价格及维护费用非常昂贵,致使制件的成本较高,而基于喷射黏结剂堆积成型的3DP设备采用相对较廉价的打印头。另外,3DP快速成型方法避免了SLA,SLS及FDM等快速成型方法对温度及环境的要求。

三维打印成型技术具有以下特点:

(1) 成本低,体积小。无需复杂的激光系统,整体造价大大降低,喷射结构高度集成化,没有庞杂的辅助设备,结构紧凑,适合办公室使用。

(2) 材料类型广泛。根据使用要求,可以是热塑性材料、金属或陶瓷材料,也可以是种类繁多的粉末材料,如陶瓷、金属、石膏、淀粉及各种复合材料,还可以是成型复杂的梯度材料零件。

(3) 工作过程中无污染。成型过程中无大量热产生,无毒无污染,环境友好。

(4) 成型速度快。成型头一般具有多个喷嘴,成型速度比采用单个激光头逐点扫描要快得多。

(5) 高度柔性。这种制造方式不受零件的形状和结构的任何约束且不需要支撑结构,未被喷射黏结剂的成型粉末起到支撑的作用,使复杂模型的直接制造成为可能,尤其是内腔复杂的原型。

（6）运行费用低且可靠性高。成型喷头维护简单，消耗能源少，可靠性高，运行费用和维护费用低。

（7）和其他工艺相比，本工艺可以制作颜色多样的模型，彩色3DP加强了模型的信息传递潜力。

但是，三维打印成型也存在以下不足之处：

（1）制件强度较低。由于采用液滴直接粘结成型，制件强度低于其他快速成型方式，一般需要进行后处理。

（2）制件精度有待提高。特别是液滴粘结粉末的三维打印成型，其表面精度受粉末材料特性的约束。

（3）只能使用粉末原型材料。

7.4 成型材料及应用

3DP材料来源广泛，包括尼龙粉末、ABS粉末、金属粉末、陶瓷粉末、塑料粉末和干细胞溶液等，也可以是石膏、砂子等无机材料。黏结剂液体有单色和彩色，可以像彩色喷墨打印机打印出全彩色产品。可用于打印彩色实物、模型、立体人像、玩具等，尤其是塑料粉末打印物品具有良好的力学性能和外观。将来成型材料应该向各个领域的材料发展，不仅可以打印粉末塑料类材料，也可以打印食物类材料。

三维打印成型可以用于产品模型的制作，以提高设计速度，提高设计交流的能力，成为强有力的与用户交流的工具，进行产品结构设计及评估，以及样件功能测评。除了一般工业模型，三维打印可以成型彩色模型，特别适合生物模型、化工管道及建筑模型等。此外，彩色原型制件可通过不同的颜色来表现三维空间内的温度、应力分布情况,这对于有限元分析是非常好的辅助工具。三维打印成型可用于制作母模、直接制模和间接制模,对正在迅速发展和具有广阔前景的快速模具领域起到积极的推动作用。将三维打印成型制件经后处理作为母模,浇注出硅橡胶模,然后在真空浇注机中浇注聚亚胺酯复合物,可复制出一定批量的实际零件。聚亚胺酯复合物与大多数热塑性塑料性能大致相同,生产出的最终零件可以满足高级装配测试和功能验证。直接制作模具型腔是真正意义上的快速制造,可以采用混合用金属的树脂材料制成,也可以直接采用金属材料成型。三维打印快速成型直接制模能够制作带有工形冷却道的任意复杂形状模具,甚至在背衬中构建任何形状的中空散热结构,以提高模具的性能和寿命。快速成型技术的发展目标是快速经济地制造金属、陶瓷或其他功能材料零件。美国 Extrude Hone 公司采用金属和树脂黏结剂粉末材料,逐层喷射光敏树脂黏结剂,并通过紫外光照射进行固化,成型制件经二次烧结和渗铜,最后形成 60%钢和 40%铜的金属制件。其金属粉末材料的范围包括低碳钢、不锈钢、碳化钨,以及上述材料的混合物等。美国 ProMetal 公司通过喷射液滴逐层粘结覆膜金属合金粉末,成型后再进行烧结,直接生产金属零件。美国 Automated Dynamics 公司则生产喷射铝液滴的快速成型设备,每小时可以喷射 1kg 的铝滴。三维打印成型可以进行假体与移植物的制作,利用模型预制个性化移植物(假体),提高精确性,缩短手术时间,减少病人的痛苦。此外,三维打印成型制作医学模型可以辅助手术策划,有助于改善外科手术方案,并有效地进行医学诊断,大幅度减少时间和费用,给人类带来巨大的利益。缓释药物可以使药物维持在希望的治疗浓度,减少副作用,优化治疗。提高病人的舒适度,是目前研究的热点。缓释药物具有复杂的内部孔穴和薄壁部分,麻省理工学院采用多喷嘴三维打印快速成型,用 PMMA 材料制备了支架结构,将几种用量相当精确的药物打印入生物相融的、可水解的聚合物基层中,实现可控释放药物的制作。美国 Therics 公司使用三维打印快速成型生产这种可控释放药物,其药剂偏差量小于1%,而当前制药方法的药剂含量偏差约为15%。目前三维打印快速成型能够快速并无浪费地制造具有复杂药物释放曲线、精确药量控制的药物。L·Setti 等人曾运用三维打印快速成型原理,用具有生物和电子功能的水基溶液制造出生物传感器。若安装多个打印头同时打印多种成型材料,则三维打印快速成型技术还可制造出无需装配的具有多种材料、复杂形状的微型机电器件。三维打印技术还以其不浪费、不需劳力和比传统方法更快速等优势会在短期内对纺织服装业带来冲击,而纵观长期发展,它将改变整个纺织服装业发展的结构与设计师们的想象力。

7.5 发展趋势

目前国外对 3DP 各种类型技术展开研究和开发工作并商业化的企业较多,其中以美国的 Z Corporation 公司、3D Systems 公司和 Solidscape 公司,以及以色列的 OBJET Geometries 等公司作为主要代表。随着三维打印技术的不断发展和完善,其发展趋势可以归纳为以下几个方面:

(1) 研究喷头技术:研究喷头气泡形成的机理,通过控制气泡的形成,进一步降低液滴直径;为了提高速度和精度,可以通过控制更多的喷头来实现;为了延长喷头寿命,可以改善喷头在打印过程中的温度,调节所在环境。

(2) 软件开发:软件开发主要是影响材料成型精度,主要体现在两个方面,第一方面是由 CAD 模型转换成 STL 格式文件的转换过程中会出现不可避免的误差;第二个方面是对 STL 文件进行切片处理时所产生的误差。为了解决成型系统功能单一和二次开发困难的问题,将来应该提出一种标准的三维软件快速成型系统,使其二次开发容易,能满足大多数人的要求,形成软件的集成化。这样才能为三维打印技术提供一个平台,共同开发和研究三维打印技术。

(3) 成型材料:成型材料是决定快速成型技术发展的基本要素之一,它直接影响到物理化学性能、原型的精度以及应用等。将来成型材料应该向各个领域的材料发展,不仅可以打印粉末塑料类材料,也可以打印食物类材料。

(4) 快速成型(RP)的发展应该是到快速制造(RM)的转变,从非功能部位逐渐变成功能部件。随着印刷材料的不断扩大,打印出一个 3D 实体模型的非功能性部分应该逐渐变成功能部件,即简单处理后可以直接使用到实际的应用当中。

(5) 体积小型化、桌面化。三维打印机在普及的过程中,为了方便人们使用,将出现更加经济、外形更加小巧、更适合办公室环境的机型。

(6) 新工艺的开发和设备的改进随着喷射技术的进步,开发新工艺,在三维打印机上实现高端 RP 设备的一些高级功能,进一步提高原型件的表面质量和尺寸精度。

(7) 随着技术的发展,直接喷射出成型材料在外场下固化,成为这种工艺的新发展趋势。

参 考 文 献

[1] Sachs E, Cima M, Bredt J, et al. CAD - casting: direct fabrication of ceramic shells and cores by three - dimensional printing. Manufacturing Review (USA), 1992, 5(2): 117-126.

[2] Grau J, Cima N J, Sachs E. Alumina Molds Fabricated by 3 - Dimensional Printing for Slip Casting and Pressure Slip Casting. Ceramic Industry, 1998, 23(7): 22-27.

[3] 梁建海. 粘接成型三维打印技术研究. 西安: 西安电子科技大学, 2014.

[4] Liu Q, Huang C, Orme M E. Mutual electrostatic interactions between closely spaced charged older droplets. Atomization and Sprays, 2000, 10(6).

[5] Srivastava VC, Upadhyaya A, ojha SN. Microstructural Features Induced By Spray Forming of a Ternary Pb - Sn - Sb alloy. Bulletin of Materials Science, 2000, 23(2): 73-78.

[6] 李红兵. 3D打印技术的发展现状及前景分析. 安徽科技, 2013(9): 55-56.

[7] 劳奇成, 卢秉恒. 三维打印机喷头的驱动系统. 机械工程师, 2003(10): 25-27.

[8] 冯超, 颜永年, 张人佶. 低温冰型快速成型技术中喷射技术研究. 机械工程, 2002, 13(13): 1128-1131.

[9] 陈松, 康仕芳, 辛振林. 振动喷射造粒过程中均匀液滴的形成. 化学反应工程与工艺, 1999, 15(9): 295-300.

[10] 张人佶, 王笠, 颜永年, 等. 聚乳酸/钙磷盐/胶原骨组织工程支架混杂结构的研究. 生物医学工程研究, 2002, 3(21): 1-4.

[11] 刘进, 马海, 范细秋, 等. 喷射粘结快速成型技术的原理、成型特性及关键部件. 机械设计与制造, 1998(1): 39-40.

[12] 魏先福, 齐英群, 黄蓓青, 等. 3D打印技术开创印刷产业新道路. 数码印刷, 2014(2).

[13] 杨小玲, 周天瑞. 三维打印快速成型技术及其应用. 浙江科技学院学报, 2009, 21(3): 186-189.

[14] 宋丽, 徐平安, 李娟. 三维打印技术的发展现状与趋势. 机械设计, 2005(22): 37-38.

[15] Herman Wijshoff. Structure and fluid-dynamics in piezo inkjet print heads. Enschede: University of Twente, 2008.

[16] 李晓燕,张曙. 三维打印成型技术在制药工程中的应用. 中国制造业信息化, 2004, 33(4): 105-107.

[17] 郑利文. 以色列 object 公司推出别具特色的三维快速成型机. 模具工业, 2007, 33(7): 71-72.

[18] 田宗军,李小林,黄因慧.快速成型系统中 STL 文件的缺陷与修复.电加工, 1999(2): 13-17.

[19] An ping xu, Leon L. Shaw Equal distance offset approach to representing and process planning for solid free form fabrication of functionally graded materials. Computer-Aided Design, 2005, 37(12).

[20] 颜永年,单忠德. 快速成型与铸造技术. 北京:机械工业出版社, 2004.

第 8 章　3D 打印应用实例

随着 3D 打印技术的不断发展，3D 打印技术已在各个领域得到广泛应用。尤其是针对个性化、小批量的制品，特别适合用 3D 打印技术来完成。以下对近年来 3D 打印的最新应用做个介绍。

8.1　3D 打印在医学上的应用

3D 打印在医学上的应用较多，从打印医学教学模型到打印人工组织器官等。一般而言，远离人体的医学模型较容易实现，而植入人体内部的骨骼、器官打印难度很大。

2012 年 2 月 5 日，比利时 Hasselt 大学 BIOMED 研究所宣布，已成功为 1 例 83 岁患者实施世界首例人工下颌骨置换术，手术耗时 4 h，术后第 1 天患者便恢复部分说话、吞咽功能。该例患者的人工下颌骨是基于 MRI 数据、由高能激光烧结的纯钛超细粉末（33 层薄片/1 mm）熔融成型（SLM 技术），3D 打印机一层一层地打印钛粉，而计算机控制的激光可以确保粒子准确地融合在一起。与传统的制作方法相比，3D 打印技术材料更少，生产时间更短。为防止排斥反应，制造完成的下颌骨最后还要涂上生物陶瓷涂层。不仅具有髁状突、下颌神经管，甚至还有种植窝等结构，净重 107g，仅比患者自体下颌骨重30g。该例手术的成功表明3D打印技术可用于人体骨骼和器官移植。图8-1为3D打印的下颌骨。

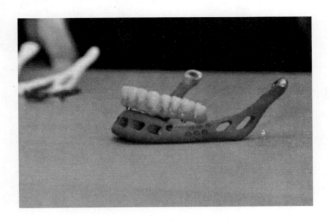

图8-1 3D打印钛下颌骨

2012年,美国俄亥俄州刚生下来6周的小男孩凯巴患上了极端罕见的先天性支气管软化症,无法自主呼吸,必须依赖气管插管生活。密西根大学医学院的专家根据CT的3D成像,使用3D打印机用生物塑料材料打印了近百个气管支架。在得到美国食品药物管理局(FDA)的紧急批准之后,给小凯巴移植了这个3D打印出来的气管支架。术后,小凯巴开始了自主呼吸,数周后,小凯巴出院。这个气管支架是用可以降解的材料做成的,3年后即会自行吸收,到那时凯巴的气管也会发育成熟,不再需要支架了。图8-2是成功接受3D打印气管支架移植的美国男孩凯巴。

2013年,美国麦凯派恩利用3D打印技术制作出了一个"生物电子"仿生耳(图8-3)。这个仿生耳用活细胞制成,内有黏稠凝胶制作的支持性基层;此外,他们还用导电墨水——这种墨水用含有悬浮的银纳米粒子制成——打印了一个可接受无线电信号的通电线圈。其

图8-2 安装了3D打印气管支架的美国小男孩

图8-3 仿生电子耳

后,麦凯派恩的研究团队一直在努力将3D打印技术扩展到半导体材料,这种材料可以让打印出的器械能处理传入的声音。半导体是信息处理电路的一种重要构成,同时也可用于探测光和发光。为了扩展3D打印的范围,麦凯派恩的研究团队开发出一款打印机,当今市场上的大部分3D打印机都只能打印塑料。"如果你把其他物质放进墨盒,打印机就会堵塞。"麦凯派恩说。另外,他们还要让打印机能进行高分辨率打印。举例来说,仿生耳的某些功能是在毫米级的组件上实现的——所以,他们要打印出微米级的LED(图8-4)。

图8-4 "生物电子"3D打印机

人体器官的3D打印一直是3D打印领域的研究热点。2012年11月,苏格兰科学家利用人体细胞首次用3D打印机打印出人造肝脏组织。爱丁堡赫瑞瓦特大学的研究人员已经开发出了基于瓣膜的细胞打印过程,可以按特定的模式打印细胞,每液滴中能够提供低至2NL或小于5个的细胞。3D打印的人造肝脏组织"对于药物研发非常有价值,因为它们可以更确切地模拟人体对药物的反应,有助于从中选择更安全、更有效的药物。"威尔·休博士带领赫瑞瓦特大学的研究小组开发了一种基于瓣膜的双喷嘴打印机,已经过验证,可打印高度活细胞,包括用于组织再生的首例人体胚胎干细胞打印。威尔·休博士说:"革命性的新药需要10~15年的时间进入市场,投资成本超过100亿美元,实际上,人体器官切片可以使研发周期减少至10年以下,关键的是成本可减半。新药物可进行潜在肝毒性的测试,因此这将有利于所有的疾病"。图8-5为用于3D打印的人工肝脏细胞。

图 8-5　用于 3D 打印的肝脏细胞

据英国《新科学家》周刊网站 2013 年 4 月 23 日报道,美国 Organovo 公司生产的微型肝脏只有 0.5 mm 厚、4 mm 长、4 mm 宽,却具有真正肝脏的大多数功能(图 8-6)。为制造这种结构,打印机叠加了约 20 层肝实质细胞和肝星状细胞,这是两种主要的肝细胞。至关重要的是,它还添加了来自血管内壁的细胞。这些东西形成一张精妙的管

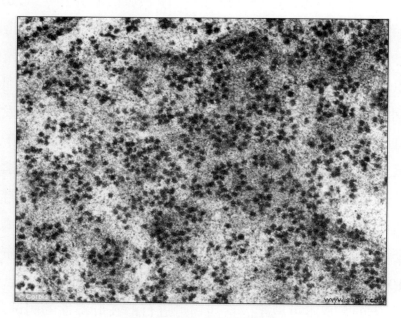

图 8-6　3D 打印的肝脏组织

道网向肝细胞供应养分和氧气,使细胞组织得以存活五天以上。细胞来自手术或活组织检查中切除的多余组织。如果情况属实,新生血管能够发挥作用,这不啻为人工肝脏制造的一个重大新突破。

2013年,英国剑桥大学科学家首次用3D喷墨打印技术成功打印出采自眼内的神经节细胞和神经胶质细胞。这一成果有望使科学家打印出人类视网膜上的多种细胞,以用于视网膜修复的移植治疗。研究人员还指出,该研究首次证明,采自成熟的眼部中枢神经系统的细胞也能用压电喷墨打印机来打印。在本研究中,科学家用了一种压电喷墨打印机设备,在施加特定电脉冲时,能通过一种亚毫米直径的喷嘴喷出细胞。他们还用高速视频技术以高分辨率记录了打印过程,进一步优化了打印程序。实验用的打印细胞是采自成年小鼠视网膜的神经节细胞和神经胶质细胞,神经节细胞能把来自眼睛的信息传输到特定脑部位,神经胶质细胞则为神经元提供支持和保护。

2014年3月,美国维克·弗里斯特再生医学研究所所长、外科医生安东尼·阿塔拉在演讲时,捧出一个3D打印的粉红色肾脏,全场听众起立鼓掌(图8-7)。

2014年,日本一家公司推出了一项服务,帮顾客3D打印"人体器官"。宫子的儿子桥健在妈妈肚子里才两个月大,而宫子在儿子出生前就已知道儿子长什么样了,正是3D打印帮她实现了这一愿望。其实不仅是胎儿的面部,这家公司还依靠核磁共振成像扫描技术,把整个胚胎的模型都打印出来了(图8-8)。

2014年10月3日,英国科学家为苏格兰一名5岁的残疾女孩海莉·弗雷泽安装了由3D打印技术制作的手掌。海莉·弗雷泽出生时,左臂就有残疾,没有手掌,只有手腕。在医生和科学家的合作下,

图8-7 3D打印的肾脏

图8-8 日本3D打印胎儿模型

为她设计了专用假肢。目前已成功为她装在左臂上(图8-9)。

近年来,我国3D打印在医疗上的应用也方兴未艾。2013年,我国第二军医大学的夏琰以羟基磷灰石与聚己内酯作为原材料,利用SLS技术制造人工骨支架基体(图8-10),并将其与可持续分泌人骨

图 8-9　3D 打印的手掌

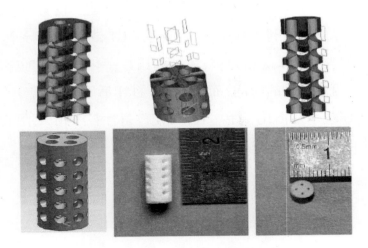

图 8-10　SLS 成型的支架

形态发生蛋白-7 的种子细胞相复合制备出具备生物活性的纳米人工骨支架,检测并分析其体外生物相容性、生物活性以及骨修复能力,研究表明,该支架在骨缺损治疗中具备临床应用潜力。

2014 年 9 月 26 日人民网报道,由北京工业大学开发的数字化医疗3D打印模板导向技术在内蒙古自治区肿瘤医院微创介入中心成功地为一名上颌窦癌患者实施了放射性粒子植入术(即组织间放疗)。在国内外已有将3D打印技术用在骨科临床领域,而此次将3D打印技术用在放射性粒子植入术中尚为首次,是临床治疗的一次新的突破。数字化医疗3D打印模板导向技术首先是利用CT扫描后三维立体重建数据(图8-11),在计算机软件中模拟进行对病变组织穿刺。然后利用3D打印技术根据病变组织体表形状打印出3D适型模具,通过计算机提供的模板上的每一个穿刺通道,将穿刺针送入病变组织。患者手术前,北京工业大学根据医院提供的患者病灶数据,利用3D打印获得了3D适型模具(图8-11)。在手术中,医生将3D适型模具放置在患者面部,利用数字化设备和3D适型模具对患者进行穿刺。相比以前单纯利用数字化设备进行CT或超声引导下穿刺植入,准确性大大提高了。据介绍,单纯利用数字化设备的同样的手术往往需要近两个小时的时间,而引入3D打印后手术只需半个小时。不仅如此,该技术还简化了手术程序,使放射性粒子植入治疗肿瘤的手术更利于在基层医院普及推广。

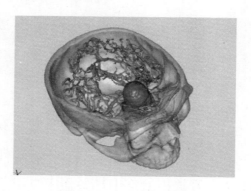

图8-11　医用3D适型模具

2014年8月,北京大学第三医院刘忠军教授团队成功为一名12岁的脊椎恶性肿瘤行肿瘤切除术的男孩植入了3D打印脊椎,这属全球首例(图8-12)。与传统的金属钛网里面填充骨头再固定的手术技术相比,植入的钛合金3D打印脊椎可以很好地跟周围的骨骼结合在一起,所以它并不需要太多的"锚定"。此外,3D打印脊椎上面设立了微孔洞,能进一步帮助骨骼在钛合金中生长,使得植入物与周围脊椎结合更为牢固。

图8-12 刘忠军教授展示的3D打印人工椎体

2015年,复旦大学附属中山医院心外科课题组在国内首次将3D打印技术应用于经导管主动脉瓣置换手术(简称TAVI),成功为一例77岁高龄的主动脉瓣重度狭窄合并关闭不全患者实施TAVI手术规划与导航。中山医院心外科课题组采集了该患者高分辨率CT及心超影像,借助3D打印处理软件,为其打印出完整的心脏及主动脉3D模型(图8-13),并据此制定了周密细致的手术规划与实施方案。

图 8-13　用于手术规划的 3D 打印模型

8.2　3D 打印在汽车制造上的应用

2013 年 10 月 8 日,比利时的 16 名工程师利用 3D 打印机制造了一辆全尺寸赛车,名为"阿里翁"(图 8-14),时速从零提升至 60 英里(约合每小时 96km)只需要短短 4s,最高时速可达到 141km。在德国的霍根海姆赛道,这辆 3D 打印赛车成功完成测试。这 16 名工程师来自比利时的鲁汶工程联合大学,他们用了 3 周时间设计和打印"阿里翁"。其使用的 3D 打印机由比利时的 3D 打印公司 Materialise 制造,能够打印尺寸达 210cm×68cm×80cm 的零部件。制造"阿里翁"的过程中,工程师们将设计图输入"猛犸"(图 8-15),而后坐下来看着一个完整的车身出现在自己面前。"阿里翁"的内部结构包含在设计图中,整个打印过程非常复杂。打印结束后,工程师们为"阿里翁"安装了车轮和发动机,成为一辆真正的赛车。

2014 年 3 月,德国汽车工程技术公司 EDAG 使用熔融沉积技术(FDM)制造了一体化车身框架 Genesis,EDAG Genesis 的设计采用了

第 8 章　3D 打印应用实例　　　　　　　　　　　　　　　　　　　161

图 8-14　世界首量 3D 打印赛车

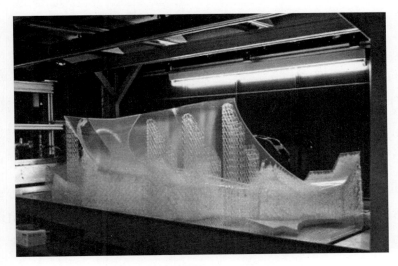

图 8-15　大型 3D 打印机"猛犸"

仿生学的概念，车身的设计借鉴了龟壳的特点。他们设想将连续碳纤维用于 3D 打印工艺，帮助制造车辆超强外壳（图 8-16）。

2014 年，橡树岭实验室使用超大幅面 3D 打印机，制造了一台 1966 年产福特眼镜蛇超级跑车的复制品，秀出 3D 打印技术改变制造

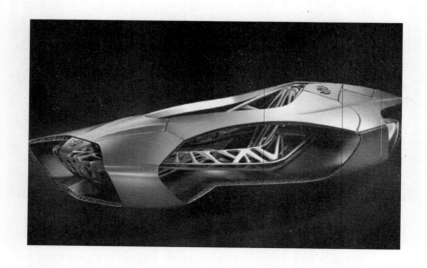

图 8-16　3D 打印一体化车身

产业的能力,而成本仅为 250 美元。整个汽车从设计到最终装配完成,仅由 6 名工程师花了 6 周时间。眼镜蛇复制品整车重量大约 635kg,其中 227kg 重量由 3D 打印完成,并且包含 20%重量的碳纤维材料。加工和打磨的时间用了 12h,由于采用 3D 打印技术,这部车的车身重量降低了一半,而性能和安全性都得到提升。图 8-17 为超大幅面 3D 打印机,图 8-18 为送粉式 3D 打印机,图 8-19 为 3D 打印汽车复制品。

2014 年春季,位于美国亚利桑那州的 Local Motors 汽车公司用 44h,打造出了全球首款 3D 打印汽车"Strati"。图 8-20 为 Local Motors 公司的 3D 打印机,图 8-21 为 Local Motor 公司的 3D 打印机正在打印汽车,图 8-22 为其 3D 打印的汽车。

第 8 章　3D 打印应用实例

图 8-17　超大幅面 3D 打印机

图 8-18　送粉式 3D 打印机

图 8-19 3D 打印的汽车复制品

图 8-20 Local Motor 公司的 3D 打印机

第8章 3D打印应用实例　　165

图8-21　Local Motor公司的3D打印机正在打印汽车

图8-22　3D打印的汽车

8.3　3D打印在建筑领域中的应用

2013年1月,荷兰建筑师Janjaap Ruijssenaars与意大利发明家Enrico Dini(D-Shape 3D打印机发明人)合作,计划打印出一些包含砂子和无机黏结剂的6m×9m的建筑框架,然后用纤维强化混凝土进行填充。最终的成品建筑会采用单流设计,由上下两层构成。名为"Landscape House"的建筑如图8-23所示。

图8-23　3D打印建筑设计图

2014年3月29日,我国苏州的建筑材料公司盈创使用一台巨大的3D打印机,采用特殊的墨水——混凝土进行打印,在一天内主要利用可回收材料(图8-24),建造了10栋200m^2的毛坯房(图8-25)。

2014年8月21日,盈创科技在上海推出了10间3D打印的房子,成为全球第一家实现真正建筑3D打印的公司;时隔不到10个月,再次向世界宣布打印出了全球最高3D打印建筑"6层楼居住房"和全球首个带内装、外装一体化3D打印建筑"1100平方米精装别墅"(图8-26)。

第 8 章　3D 打印应用实例

图 8-24　3D 打印建筑材料

图 8-25　3D 打印的建筑

图 8-26　3D 打印的别墅

8.4　3D打印在其他工业中的应用

2012年3月到2013年4月间,RedEye使用FDM工艺打印了30个完整的天线模组进行组装和测试(图8-27),并终于在2014年交付NASA喷气推进实验室进行最终测试和安装。RedEye采用了ULTEM 9085热熔型工程塑料,它有着与铝合金相似的强度,但是重量更轻。此外,NASA的一种保护涂层涂在ULTEM 9085材料表层用于对抗太空的紫外线和原子氧。

图8-27　3D打印的卫星天线零件

2013年5月初,全球首款利用3D打印技术制造的名为"解放者"(Liberator)的手枪,引起轰动。它由美国得克萨斯州奥斯汀市非营利组织分布式防御(Defense Distributed)创始人——25岁的德州大学学生科迪·威尔森研发出来的,其制造设计图和组装过程也被发布到了互联网上。除手枪的金属撞针外,"解放者"原型产品其余15个部件都采用Stratasys公司的"Dimension SST"3D打印机打印完成,构材是 ABS 塑料。这款手枪可使用标准的手枪弹匣,并支持不同口径的子弹(图 8-28)。

图 8-28 3D 打印塑料手枪

2013 年,法国邮政已经在巴黎的 3 家邮局提供了 3D 打印业务。英国皇家邮政、新加坡邮政也可提供该服务。他们认为,3D 打印业务可能会吸引中小企业制作样本、模型和定制商品。

据美国 CNET 网 2013 年 11 月 8 日报道,美国一家公司制造的全球首款 3D 金属手枪已试射成功。手枪的设计出自经典的 1911 式手枪,制作中使用了现成的弹簧和弹匣。还使用了包括激光烧结和研磨金属等多种技术,用 33 种不锈钢和合金制成。据悉,制作这支手枪的 3D 打印机价格在 50 万美元以上。这是全球首支利用 3D 技术打印出来的金属枪(图 8-29)。

2013 年,英国地质调查局(British Geological Survey)决定全面开放他们的化石数据库,将其中收藏的 300 多万块化石标本全部进行 3D 扫描,生成 3D 打印文件。只要家里有精度足够的 3D 打印机,任

图 8-29　3D 打印的金属手枪

何古生物学家乃至业余化石爱好者都能从网站上下载这些文件,打印出这些化石标本的复制品。图 8-30 为 3D 打印的化石。

图 8-30　3D 打印化石

2013 年 11 月 7 日,在伦敦 3D 展览上,法国数字艺术家 Gilles Azzaro 展出 3D 声纹"新的工业革命"。在整个 39 s 的录音中,一个同步的激光束扫描要打印声音的浮雕原模,为每一个声音和细微差别标记准确的位置,通过合作设计师 Patrick SARRAN 的桌面 3D 打印机打印雕塑(图 8-31)。

2014 年 1 月 5 日,BAE 系统公司在前 1 个月安装了 3D 打印金属

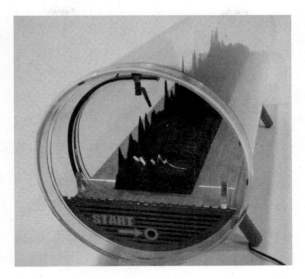

图 8-31　3D 打印的声波

组件的"狂风"战斗机成功地进行了飞行测试。BAE 公司称,这架"狂风"战斗机装备了 3D 打印的驾驶舱电台防护罩、起落架防护罩和进气口支撑柱(图 8-32)。

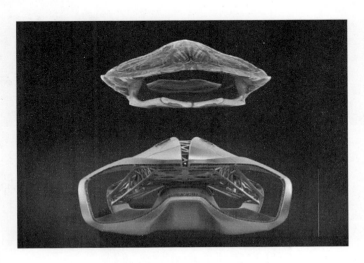

图 8-32　3D 打印飞机零部件

2014 美国德州 Rohinni 公司运用 3D 打印所推出的发光二极管（Light‑Emitting Diode，LED）"光纸"（图 8‑33）。该公司运用 3D 打印所推出的发光二极管"光纸"是目前世界上最薄的 LED 灯。做法是将油墨与微型 LED 混合印在导体层上，接着将印好的导体层夹在另外两层材料中间，并将之密封。微型二极管的尺寸只有约红细胞般大小，随机散布在导体层上。当电流通过微型二极管时，便会将之点亮。类似光纸的片状光源，还有较为人所知的有机发光二极管（Organic Light‑Emitting Diode，OLED）。OLED 不含重金属较环保，可折叠弯曲的特性，也使其用途更加广泛，缺点是成本过高；光纸比 OLED 更薄，而且成本相对较低，使用寿命长达 20 年，相当具有潜力。图 8‑34 为 3D 打印的"光纸"装饰墙。

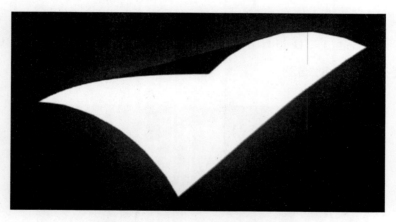

图 8‑33　3D 打印的发光二极管"纸"

2014 年，美国艺术家约书亚·哈克就曾在纽约 3D 打印展上展出过自己的 3D 打印镂空雕刻系列作品（图 8‑35）。此外，3D 打印机还可以用来复制世界名品。位于荷兰首都阿姆斯特丹的梵高艺术馆就与富士胶片公司合作复制了一大批梵高的画作。

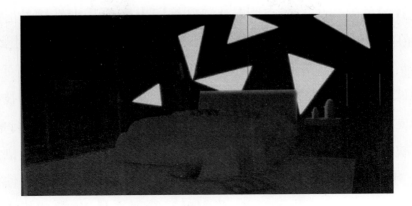

图 8-34　3D 打印的"光纸"装饰墙

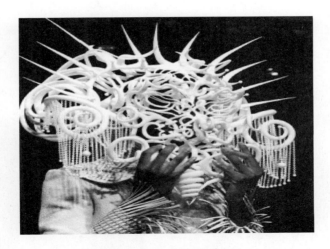

图 8-35　3D 打印的艺术品

　　2015 年 1 月 10 日，SpaceX 公司的龙飞船(Dragon)带着补给进入太空，并与国际空间站(ISS)对接。经过 29 天的运行，它终于返回地球，并于 2 月 10 日着陆，降落在太平洋上，从而完成了对空间站的第五次补给飞行任务。它从国际空间站上带回了接近 3700 磅(约 1678kg)的货物。据了解，这数千磅来自太空的好东西，除了一些生物研究标本、坏了的宇航服以及其他研究资料以外，还包括 3D 打印爱好者们最为关注的在空间站上 3D 打印出来的几十件物品。这些物品在 3D 打印机被送入太空之前都在地球上打印过一次。因此，研究人员可以将此次龙飞船带回来的在太空中 3D 打印出来的对象与在地球上打印出来的进行对比研究。在 NASA 看来，3D 打印技术将成为支持人类向宇宙扩张最重要的工具之一。而在外太空运行的 3D 打印机如何就地取材，使用外星材料创造出适宜人类生活的栖息地则是 3D 打印行业面临的重要课题。目前正在国际空间站上使用的 3D 打印机是一个巨大的进步，我们已经看到这台 3D 打印机在空间站上多次进行了打印作业，无一失败。而把这些 3D 打印出来的成品送回地球是整个计划关键的一环。它们能够帮助科学家们了解，太空环境对于 3D 打印对象的影响究竟有多大。图 8-36 为载有在太空中 3D 打印物品的卫星返回地面的情况。

图 8-36　载有在太空中 3D 打印物品的卫星返回地面的情况

2015 年，澳大利亚莫纳什大学、联邦科学与工业研究组织以及迪肯大学的研究人员使用德国 Concept Laser 公司的金属 3D 打印机制造出一个喷气式发动机（图 8-37），该项目团队由莫纳什大学的 Xin-

第 8 章 3D 打印应用实例

hua Wu 教授负责带领,团队将会继续研发引擎部件,并扫描所有的组成零件。通过这些扫描成功建设电脑模型,随后使用激光烧结工艺打造出各种部件,目前相关的工作还在继续进展,这些引擎有望被用于类似 Falcon 20 商务喷气机的辅助动力上。这项发明引发了空中客车公司(Airbus)、波音公司(Boeing)和美国国防部合约商雷神公司(Raytheon)的关注。图 8-38 为金属 3D 打印机。

图 8-37 3D 打印喷气发动机

图 8-38 金属 3D 打印机

以上列举的仅仅是 3D 打印应用的很小的方面,我们相信随着

3D打印技术的不断深入,各类应用还将不断涌现。

参 考 文 献

[1] 宋达希.3D打印卫星天线 工程塑料开启太空之旅.中关村在线,(2014-11-30)[2015-11-19].http://www.oa.zol.com.cn/493/4936448.html.

[2] 向顺禄,杨冬东,何可,等.3D打印技术在医学方面的应用及畜牧兽医领域的展望.兽医导刊,2013(9):72-74.

[3] 王群,耿云玲.3D打印的军事应用前景.国防,2013(8):79-81.

[4] Klein G T, Lu Y, Wang M Y. 3D printing and neurosurgery—ready for prime time? World Neurosurg, 2013, 80(3-4):233-235.

[5] COGHLAN A. 3D printer makes tiniest human liver ever . New Scientist, 2013.

[6] 全球首款3D打印金属手枪问世 成功发射50枚子弹.中国日报网,(2013-11-08)[2015-11-19].http://www.tech.163.com/13/1108/21/9D6IOQCN00094NRE.html.

[7] 王子明,刘玮.3D打印技术及其在建筑领域的应用.混凝土世界,2015(1):50-57.

[8] LED 也可以 3D 打印了.商学院.(2015-01-27)[2015-11-19].http:/www.chuansong.Me/n/1115923.

[9] 夏琰.组织工程化纳米-羟基磷灰石/聚己内酯人工骨支架的制备及其相关性能的研究,上海:第二军医大学,2013.

[10] 徐有伟.3D打印:从想象到现实.中国信息化周报,2013-07-22.

[11] 曹鹏."神奇"的 3D 打印世界.印刷工业,2013(7):49-50.

[12] 王洪斌,魏立新,王洪瑞.并联机器人的理论研究现状.自动化博览,2004,19(5):42-45.

[13] 任玉兰,战园,路璐,等.人胚胎干细胞分化为角质形成细胞过程中标志物的表达特点.北京大学学报(医学版),2015(2):305-311.

[14] 吕洛衿.打印一个骨盆,打印一个肾脏——3D打印引领医学革命.作文:初中版,2014(4):62-63.

[15] 林贻嵩.二十四局集团涉足3D打印建筑技术领域.中国铁道建筑报,(2015-01-

22)[2015-7-21]. http://www.crcn.com.cn/html/2015-01/22/content_80668.htm?div=-1.

[16] 陈继民. 北京工业大学大学3D打印技术取得重大突破. 激光工程研究院,(2014-09-29)[2015-7-21]. http://news.bjut.edu.cn/gdyw/17364.shtml.

[17] 孟丹. 3D印刷十大影响力. 中国经济网,(2015-01-28)[2015-7-21]. http://www.ce.cn/culture/gd/201501/28/t2015 0128-4455492.shtml.

[18] 北大第三医院刘忠军主刀完成世界首例应用3D打印技术人工定制枢椎治疗寰枢椎恶性肿瘤. 北医三院,(2014-08-19)[2015-7-21]. http://pkunews.pku.edu.cn/xxfz/2014-08/19/content_284540.htm.